U0150440

风环境视野下的建筑布局设计方法

应小宇　龚敏　著

中国建筑工业出版社

图书在版编目（CIP）数据

风环境视野下的建筑布局设计方法 / 应小宇，龚敏
著. — 北京：中国建筑工业出版社，2021.11
ISBN 978-7-112-26860-3

Ⅰ. ①风… Ⅱ. ①应… ②龚… Ⅲ. ①风-影响-高
层建筑-建筑设计-研究 Ⅳ. ①TU972

中国版本图书馆 CIP 数据核字（2021）第 247300 号

人居环境的理念对建筑师、建筑设计方法以及建筑学教育具有重要指导意义。本
书提出的"风环境视野下的建筑布局设计方法"，旨在将环境理论与建筑学方法再次结
合起来，展开一种从性能驱动角度进行的建筑设计方法研究，回应了"技术为设计服务"
的问题，并致力于建筑学自身的探讨与回归。

本书适用于建筑设计、建筑技术及理论等相关领域的专业人士阅读，同时可作为
高等院校相关专业的教学参考用书。

责任编辑：张伯熙　曹丹丹
责任校对：赵　菲

风环境视野下的建筑布局设计方法
应小宇　龚敏　著
*
中国建筑工业出版社出版、发行(北京海淀三里河路9号)
各地新华书店、建筑书店经销
北京鸿文瀚海文化传媒有限公司制版
北京建筑工业印刷厂印刷
*
开本：787 毫米×1092 毫米　1/16　印张：13¾　字数：343 千字
2022 年 7 月第一版　　2022 年 7 月第一次印刷
定价：**68.00** 元
ISBN 978-7-112-26860-3
（38627）

版权所有　翻印必究
如有印装质量问题，可寄本社图书出版中心退换
（邮政编码　100037）

前　言

风是城市微气候的重要影响因素。当前快速城市化进程导致了城市微气候环境问题在城市多层高密度街区逐渐显现，安全舒适的风环境营造是今后城市规划设计以及微气候环境优化建设的重要内容。同时，建筑空间布局与室外风环境关系尚存在研究局限，还未有标志性的能用于建筑设计和城市设计的定量化指标。针对不同的对象和情况，安全的城市风环境具有不完全一致的定义标准。

对于夏热冬冷地区来说，建筑设计和城市设计尤其需要风环境相关的设计策略，以兼顾两季的巨大气候差异对环境的影响。室外风环境影响建筑室内风环境，特别对建筑防风与自然通风有着决定性影响。物理环境的五大指标，分别为通风、采光、温度、湿度和辐射。其中，建筑群的体积、形状和建筑物的错落、起伏，以及街道和外部环境的空间布局形式直接影响空气流动的速度和方向。相较于温度、湿度和辐射强度，室外风环境最容易受到这一规模大小的建设项目影响。在这些影响中，建筑布局因素对室外风环境的影响最大，而不是建设项目中的公共绿地、广场、水体等下垫面因素。因此，在建筑设计和城市设计阶段引入风环境评价和布局形态控制，具有很强的现实意义。

综上所述，本书通过对建筑布局与城市风环境的相关性，风环境视角下单体、群体和区块布局方式，围合式办公建筑布局方式，以及多层高密度区域街道空间布局方式等研究，对建筑布局相关的几个设计问题进行解答。此外，试图提出风环境与江景资源双目标下的滨江高层住宅布局方法，探讨天际线量化因子对室外风环境的影响规律，最后形成基于风环境快速预测的居住建筑布局自动生成与比选方法和"形态-性能"耦合机制下建筑设计方案数字化寻优方法。本书将为城市中心区多层和高层建筑群规划设计提供有效的评价工具，在风环境物理指标与建筑布局形态参数相关性研究基础上提出优化设计策略，直接服务于建筑设计和城市设计，形成高品质的城市人居环境。

在本书的撰写过程中，第1章至第6章由应小宇负责，第7章至第10章由龚敏负责。

研究生阚琪、李雯喆、王艳玲、刘紫乔、高婧、秦小颖、韩鑫裕、沈丽颖、陈佳卉参与了数据分析、文字编辑、图片处理等工作。本科生梁孝鑫、李思源、杜诗祺、任昕参与了调研、计算机模拟与分析等工作。

在编写过程中，感谢浙大城市学院计算机与计算科学学院徐煌老师、方鑫杨、吕莉同学在软件编程方面提供的大力支持。

鸣谢国家自然科学基金（No. 51878608）、浙江省自然科学基金（No. LY22E08004）、浙江省自然科学基金（No. LGF20E08006）的资助。

由于水平有限，本书还存在许多不足之处，望读者批评指正。

目 录

第 10 章　"形态-性能"耦合机制下建筑设计方案数字化寻优方法 / 197

参考文献 / 209

第1章 城市风环境的重要性

自然界中的风多种多样，有季风、台风、龙卷风等。风环境是指由于城市下垫面或是自然山环境中山体起坡的影响，使得自然条件下的风随之发生相对应的改变而形成的特殊风场。地形的起伏导致各个小区域接收到的太阳辐射不均匀，产生各小区域之间的温差和气压差，因而形成局部性的地形风。除此之外，不同地形处的材料对太阳辐射吸收率以及材料热容量的差异，也会造成局部性的地形风。地形风的种类多种多样，有山谷风、海陆风、中庭风、花园风等不同类型。

现今中国城市形态演变的一个重要表现特征是速度快、尺度大、历史肌理的日渐破碎和异质化，大部分中国城市经历了不同程度地城市规模的急剧扩张。在当前城市化进程中，快速的城市建设使得高楼林立、人口密集的城市新建中心区大量出现。大量拔地而起的高层建筑群体极大影响了城市风环境。城市风环境是影响城市微气候的主要因素之一，其时空分布状态会直接影响到个体的热舒适感觉。通风不畅影响空气污染物的转移和公共疫情控制；风速过大对室外人群活动造成影响，降低公共空间效能，在极端天气下甚至会引发安全问题。城市冠层和城市街道层峡是人们生活和进行公共活动的场所，所以尤其需要重视室外风环境。

周莉等人在2001年对高层建筑群风场的数值分析进行了研究。风对建筑物以及建筑物周围环境的影响主要表现为：改变了原来的风场、周围局部风速增大，局部负压过大，使得建筑物顶部局部掀起或装饰玻璃破碎、脱落；建筑物的外轮廓形状一般都是非流线型的，因而流场不可避免地伴随有分离流动、涡旋脱落和振荡，这些现象会在高层建筑物的居室内产生严重的噪声，更严重时还会引起结构和流体的耦合振荡，从而危及建筑物的安全。陈飞等人在2008年对高层风环境进行了研究。近年来由于城市中心区建筑密度增加迅速，建筑法规的落实存在着滞后性，没有从整体宏观的角度审视规划建设，空间布局上的原因产生的风害越来越普遍。

吴坤等人在2010年对双子楼表面风压以及风环境进行了研究。过强的风速会引起超高层建筑建筑表面、局部或整体结构的损伤或破坏。目前双子楼越来越多，由此带来的建筑物之间风致干扰十分明显，对于建筑物表面和建筑物之间通道的风场影响，需要引起重视。周美丽等人在2010年研究了高层居住建筑的建筑洞口和建筑间洞口对风环境的影响。刘春艳等人、孙丽然等人在2010年分别对沿海城市住宅小区、寒地住宅小区风环境进行了研究。住宅小区作为城市居民居住和生活的主要场所，过大的风速会引起行人的不舒适感和建筑物局部的破坏，而小的风速会导致小区通风的不足，造成污浊空气难以吹散，为了营造健康舒适的居住区微气候环境，住宅小区的风环境研究很有必要。

王宇婧等人在 2012 年对北京城市人行高度风环境 CFD 模拟的适用条件进行了研究，从气象学的角度总结了城市街区的布局是影响风环境的重要因素，有必要对此进行研究，探索出合理的布局模式，以提升城市的生态环境品质，提高居民舒适度。郑颖生等人在 2013 年对基于改善高层高密度城市区域风环境的高层建筑布局进行了研究，总结了风环境是居住小区中微环境的重要影响因素之一，风环境的优劣直接影响人们的居住舒适度，对于建筑能耗和居住小区污染物扩散也有密切关系。

应小宇等人在 2013 年对不同高层建筑群平面类型的室外风环境进行综合测量，提出目前中国规划管理部门对高层建筑群布局的约束仅停留在日照间距和消防间距控制上，未考虑各种体形复杂、布局自由的高层建筑群所带来的城市风环境问题。随着此类风环境问题的日益突出，如相邻高层建筑群产生的强气流在冬季使行人感到不适，在多风季节引发危险；不合理的建筑布局或建筑体形造成室外静风区，在春秋季节不利于污染物、废气扩散，夏季不利于散热。因此有必要从室外风环境视角出发探讨高层建筑群的平面布局问题。

尚涛等人在 2013 年总结了住宅小区的风环境与居民的室外舒适性紧密相关。研究提出在住宅区建设之前，针对小区所属地区风环境分布特性的研究和模拟对当地的新兴住宅区域建设和旧城区改造具有良好的参考和指导意义。庄智等人在 2014 年对建筑室外风环境 CFD 模拟技术进行了研究。

中国绿色建筑发展逐步从理论走向工程实践，无论是国家还是地方的绿色建筑评价标准，都对建筑周围风环境状况有了相应要求。可见对建筑室外风环境进行预测评价来指导设计是十分必要的。张思瑶等人在 2015 年对基于 CFD 的沈阳某住宅区风环境进行了研究，总结了住宅区风环境是指室外自然风受到小区地形、建筑物和绿植等影响之后形成的风场，是城市微热环境的重要组成部分。通过住宅区风环境研究可以对小区布局进行优化指导，以达到建筑系统节能和改善小区环境的目的。赖林峰等人在 2016 年研究高层建筑以及裙房对人行区域风环境的影响。马剑等人在 2007 年研究了不同高层建筑平面布局产生的风环境影响数值，总结了随着城市化进程的加快和建筑技术的不断提升，体形复杂、布局多样的高层与超高层建筑群大量涌现，由此带来的风环境问题日益突出，如高层建筑狭道内过高的风速、过急的涡流将使行人感到不适，甚至带来危险。不当的建筑布局或建筑体形易使气流在建筑群之间形成"涡流死区"，不利于空气的流动及废气、热气的排散。因此，探讨这些不利风环境的形成机制及演化规律十分必要。

林博等人在 2016 年对城市滨水区更新风环境影响评价及优化策略进行了研究。总结了城市风环境作为城市微气候的核心要素，与城市热环境、湿环境以及大气环境间均存在着较大的联系和影响，对城市气候问题的缓解以及室外舒适度的改善均具有着重要推动作用，因此城市通风条件的改善具有重要的生态意义。俞布等人在 2018 年总结了城市通风廊道是利用自然风条件改善城市通风的有效手段，为风在城市中的良性流动创造便捷通道。曾穗平等人在 2019 年对基于 CFD 模拟的典型住区模块通风效率与优化布局进行了研究。总结了在大气污染日益严重的背景下，"低碳-低污"的通风目标成为居住区气候适宜性需求的重要指向。提升城市居住区通风效率、改善其物理环境，成为规划设计者提升气候宜居性的重要突破口。

1.1　城市风环境的研究背景

改革开放以来，中国经济发展与城市建设得到了迅猛的发展，步入了新的时代。城市的建设如火如荼地进行，又由于人口的不断增加，和城市建设初期技术的限制，多层高密度街区应运而生。随着中国城市化进程加快，城市中建筑密度和人口密度的急剧攀升成了主要特征，高污染和高能耗的城市问题与高品质生活之间的矛盾日趋突出，雾霾效应、热岛效应、湿岛效应等环境问题频发，与理想中的生态宜居城市空间背道而驰。城市风环境特征影响城市的空气质量、居住舒适度以及建筑能耗等诸多方面，其作为城市微气候和微环境的重要影响因素得到了建筑和城乡规划领域越来越多的关注和研究，对城市可持续发展具有重要意义。

简·雅各布斯说："当我们想到一个城市时，首先出现在脑海里的就是街道。街道有生气城市也就有生气，街道沉闷城市也就沉闷。"这句话体现出了街道在城市中的重要地位。街道可以分为商业街、广场空间、商业拱廊、空中走廊还有地下街等几种类型。由于街道的建筑使用性质，使得其步行人数众多，因此城市多层高密度街区步行街道行人舒适度的问题又显得极为重要。2016年，上海市规划和国土资源管理局明确提出，"促进绿色出行。街道网络和设施对于居民出行方式选择具有重要影响作用。通过设计更加便利、舒适、安全的街道，特别是重点提升轨道站点周边的'宜步性'，可以促进市民选择步行、公交与骑行等绿色交通方式出行"。由此可见，城市多层高密度街区街道的空间环境对人体舒适度的影响已经引起了高度重视。

中国目前有五大气候分区，分别为严寒地区、寒冷地区、夏热冬冷地区、夏热冬暖地区、温和地区。从建筑节能和人体舒适度策略方面考虑，总的规划和设计策略为夏季隔热、冬季保温。对于夏热冬冷地区而言，其设计策略应兼顾两季的巨大气候差异。清华大学江亿教授指出，夏热冬冷地区节能措施的重点为夏季的遮阳和通风，春秋季利用自然通风。采用适应风环境的被动式空间布局设计策略可以在适度满足人类多方面需求的基础上，尽量减少能源的消耗。在夏季，城市多层高密度街区内良好顺畅的自然通风可以带走其过多的热量，减轻热岛效应，减少空调的使用时间，降低空调负荷。在冬季，避免主导风穿城而过能够有效减少围护结构的冷风渗透，从而降低采暖能耗。另外，它可以使城市多层高密度街区聚积的空气污染物快速散发出去，提高室外空气品质。室外风环境也直接影响着室内风环境的分布状况，组织良好的室内通风可以为人们带来新鲜空气，排除过量的湿气、人员和设备产生的过多热量和降低影响人体健康的污染物浓度。气流速度是室内外人体舒适度重要评价因子，从这方面来说，人们对营造良好的室内外风环境具有现实需求。澳大利亚和美国等国家规定，对风环境的评估要在建筑建造之前的设计阶段便进入设计流程中。中国对建筑室外风环境的研究相对落后，并且在建筑设计和城市设计视角下的风环境的研究也不是很常见。目前，城市多层高密度街区的研究主要集中在建设模式、设计理论以及对城市多层高密度街区整体的设计布局策略等方面，对于城市中心密集区的防灾和由于城市建设而产生的热岛效应也有一定的关注，但对建筑室外风环境的研究目前还没有具有权威性的可用于规划建筑设计的量化参数指标。

1.2 城市风环境的研究意义

1.2.1 城市化进程对城市风环境的影响和产生的问题

城市风环境特征影响城市的空气质量、居住舒适度以及建筑能耗等诸多方面，得到了建筑和城乡规划领域越来越多的关注和研究，例如在 2003 年的"非典型肺炎"疫情后，香港环境署开始研讨城市建设对城市气流的影响，并且委托香港中文大学课题组对城市密集区的城市风环境进行评估，将城市风环境的优劣作为城市建设的评价之一。风是城市微气候的重要影响因素，快速的城市化进程导致城市微气候环境问题逐渐显现。城市热岛环流现象也会使得被污染的空气以及各种工业废气无法及时排出，导致城市内部空气污染愈发严重，进一步影响城市居民的身体健康。对于城市高密度街区，行人舒适度和城市微气候紧密挂钩，尤其是城市通风质量对居民的舒适度、健康和生活质量有着重大影响。城市新建中心区的高层建筑群，将直接影响城市冠层的气流运动，并可能造成局部气流加速，形成一定的涡流区、静风区或疾风区，从而影响到人们的舒适、健康与出行安全。以往的规划设计中，城市规划师和建筑师更多地将精力放在建筑的功能和形式上，而忽略了室外风环境的设计，从而导致很多潜在的风害发生，并且直接影响城市微气候。很多城市新建中心区的建筑朝向和楼间距都不是很合理，降低了室外平均风速，同时导致建筑前后风压力差过小，进而影响了室内空气质量。建筑师出于空间塑造的目的，许多建筑相互围合、遮挡，更加导致城市新建中心区气流不畅。

1.2.2 建筑空间布局与室外风环境关系的研究局限

在室外风环境的诸多影响因素中，高层建筑空间布局对室外风环境影响尤为突出，但目前缺乏对两者间系统的、定量化的相关性研究。风环境可以评价不同尺度的城市空间布局类别。在一般的规划和建筑设计中，城市空间布局的内容从大尺度到小尺度可分为三个类别：城市空间规划、建筑群布局、单体建筑间距关系。《建筑和环境》（《*Building and Environment*》）杂志主编 Q. Chen 教授发文指出："对于不同尺度的设计工作，例如城市空间规划、建筑群布局等，风环境评价是个有效的评价工具。"高层建筑群体的体积、形状和建筑物的错落、起伏还有外部环境的空间布局形式直接影响空气流动的速度和方向。

目前，对于城市空间和高层建筑的研究主要集中在发展理论、发展模式，以及外部空间相关的城市设计方面，高层建筑对防灾以及城市热岛效应的影响也有不少研究，但是，高层建筑群体对室外风环境的影响研究还未有标志性的能用于建筑设计和城市设计的定量化指标。

1.2.3 中小型用地规模项目的微气候更易受到建筑布局的影响

本书涉及的建筑布局仅局限于 5 万~10 万 m^2 用地规模的中小型项目。这是因为相较于这个区域的温度、湿度和辐射强度，室外风环境是最容易受到这一规模建筑群体影响的。当地块规模大于 10 万 m^2 时，被称为一个城市区块。在这些区块中，影响室外风环境的已经不再是建筑布局，而是热分层。热分层在空气流动中起了主导作用，不仅影响了人体舒适，还导致了城市热岛效应。因此，课题研究结果将不适用于大于 10 万 m^2 的地块。

从安全性和舒适性的角度出发，城市风环境与人工建造的环境形成的微气候变化产生密切联系，安全舒适的风环境建设是今后城市规划设计以及微气候环境优化建设的重要内容。针对不同的对象和情况，安全的城市风环境具有不完全一致的定义标准，在本书的后面几个章节，分别采用了计算机模拟、实地测量等方法，探讨多种复杂因素相互耦合的安全城市风环境营造方法。

1.2.4　夏热冬冷地区气候条件相对应的设计策略

要研究风环境视野下夏热冬冷地区的建筑布局方法，需要结合当地的区域气候特征，了解其全年风向、风频及风速等，以求获得因地制宜的建筑布局建议。室外风环境影响建筑室内风环境，特别对建筑防风与自然通风有着决定性影响。对于夏热冬冷地区而言，建筑设计和城市设计尤其需要风环境相关的设计策略，以兼顾应对两季的巨大气候差异。从建筑节能和人体舒适度策略方面考虑，总的规划和设计策略为夏季隔热、冬季保温。所以在研究风环境时，需要结合具体的区域环境特征和其自然条件，设定合适的气候参数，以兼顾夏季和过渡季的通风以及冬季的防风设计。在夏季，城市区域内良好顺畅的自然通风可以带走过多热量，减轻热岛效应，降低空调负荷。在冬季，避免主导风穿城而过能够有效减少围护结构的冷风渗透，从而降低供暖能耗。物理环境的五大指标，分别为通风、采光、温度、湿度和辐射。其中，建筑群体的体积、形状和建筑物的错落、起伏、街道及外部环境的空间布局形式等直接影响空气流动的速度和方向。相较于温度、湿度和辐射强度，室外风环境最容易受到 5 万~20 万 m^2 规模的建设项目影响。在这些影响中，相较于建设项目中的公共绿地、广场、水体等下垫面因素，建筑空间布局因素对室外风环境的影响最大，因此，在建筑设计、城市设计阶段引入风环境评价和布局形态控制，具有很强的现实意义。

1.3　国内外不同尺度层级的城市风环境研究现状

现代城市人口快速增加，为了容纳尽可能多的人口，城市建设的发展理念正朝着高密度、集约型靠拢。尤其是在城市多层高密度街区，其周边无数高楼大厦拔地而起，密密麻麻的街区应运而生。这些建筑的出现，不可避免地使得原来可以顺畅通过此处的风流改变了原本的运动状态，使得城市多层高密度街区的风环境情况变差。具体结果可以分为三类：

（1）在街道峡谷形成峡谷风，也就是峡谷效应。这里的风速会突然变得很大，出现小范围强风，又因为周边建筑物的阻挡，会导致涡旋或者变化强烈的升降气流等现象。这种街道峡谷效应会威胁到行人的生命安全。

（2）这些鳞次栉比的建筑物会围合成一个个小的空间，建筑师出于空间塑造的原因，也会专门让建筑物本身留出这样的空间。但是当自然界的风吹过这种角落，往往会形成死角和漩涡，直接造成的影响就是使得空气中的污染物无法及时排出，人们在此间活动休息，吸入进去这些不洁净的空气，健康可能受到影响。

（3）过于密集的建筑群，会使室外风速降低，导致夏季没有足够多的凉爽的风吹进室内。为保持室内环境的舒适，就必须依靠空调等设备来进行制冷，导致了很高的能源消耗。而在高层建筑中，窗外风速过大，开窗通风不安全，也只能利用空调设备进行通风换气，也造成了很高的能源消耗。

正因为风环境涉及人们的安全和健康，还有能源的消耗，城区空气质量等问题，各个国家和地区都应该重视起当地的风环境问题。目前全球范围内的学者已经对风环境进行了研究，从研究尺度层面大致可以分为以下几类：单体建筑周围风环境，两栋及以上建筑群的室外风环境，某一城市区域风环境，完整城市的风环境。接下来将对以上这几类研究内容分别进行综述讨论。

1.3.1 单体建筑周围风环境

单体建筑周围的风环境相对比较简单，学界内对风环境的研究也是最先以单体建筑为研究对象开始的。Baines在一场名为"建筑物及其周围风效应"的国际会议中提出，由于高层建筑的存在，会使其周围的气流产生变化，由高处向低处流动，由此导致地面风速过高。自此以后，在全球范围内慢慢展开了对高层建筑周边环境的研究，研究对象也逐渐丰富起来，不仅仅局限在高层单体建筑。魏迪和杨晓敏分别对公共卫生间和办公楼周边的风环境进行了研究，Yang和Zhao分别对线型建筑和椭圆形建筑进行了风环境模拟。这些研究结果对于建筑师进行建筑设计起到重要的指导作用，能使建筑师提前做出正确的风环境预测判断，有效避免建筑周边出现不良的风环境区域。

张忠国和王一鸣提出了一种优化设计方案的对策，即在剖析基本形态规律的基础上展开设计，随后进行模拟——分析——模拟。前期模拟分析居住建筑、商业办公建筑、公共空间的基本模块得出规律，后期方案通过风环境模拟的对比分析从而不断优化设计。吴珍珍等人以办公建筑为例，通过CFD数值模拟分析建筑周围的风环境，提出有必要采用城市风环境分析后的边界条件以确保准确性，而不是直接采用城市尺度的主导风向和风速。吴恩荣团队在2006年根据有关户外舒适性的广泛研究为香港地区制定了户外舒适度评价指南，提出香港典型的夏季晴天在阴凉处为行人提供舒适的城市风速范围为$1.0 \sim 2.0 m/s$。邬杰在2014年以风速、空气龄为评价指标分析了建筑开口对办公建筑室内自然通风的影响。研究表明建筑开口大小对室内自然通风效果影响显著。哈尔滨工业大学的张岩提出在过渡季引入自然通风来解决高能耗、低舒适度的问题，运用基于LSTM算法的神经网络预测模型，来模拟有效的自然通风，提高室内热舒适度。柳红明和王嘉琪注意到高层建筑因其体量巨大会严重阻碍基地内风的流动，提出应结合高层建筑裙房周围风环境状况、裙房体形和场地因素的相关性，合理设计裙房和场地规划，从而创造高密度状态下舒适的人居环境，节能降耗。

1.3.2 两栋及以上建筑群的室外风环境

当出现两栋及两栋以上的建筑群时，其中的风环境就会有更加丰富的变化。位于街道两边的建筑群会在街道空间形成一个"峡谷"空间，由于多种气流的相互作用，这个位置行人高度处的风速会加快，会影响到行人的舒适。单雅蕾、张毅和Allegrini专门对街道类型的建筑群进行了风环境研究。还有另外一种常见的建筑群，那就是住宅小区。由于住宅小区内的人口密集，其室外活动场地的风环境已经引起了人们的重视，张举、Srebric和黄丽蒂分别针对不同气候条件下的小区进行了室外风环境研究，并总结出相对应的风环境优化策略。除此之外，建筑群类型还有很多种，高层建筑群、办公建筑群等，均有学者的研究涉及了相关的风环境知识。应小宇对四栋高层建筑与风向夹角关系利用数值模拟进行了分析。liu 利用实测热参数和模拟风速对建筑群的室外热舒适度进行预测。除此之外，建筑群类型还有很多种，高层建筑群、办公建筑群等，均有学者涉及了相关的风环境知识。

Sharples 等在 2001 年利用风洞试验研究了庭院和中庭建筑模型的风环境，结果表明，在城市环境中小尺度开放式庭院的通风性能较差，而具有许多开口的中庭屋顶在负压（吸力）下运行最为有效。Abdulbasit 等人在 2013 年结合了实验和模拟方法，通过研究气温、湿度和风向三个物理环境变量，验证了庭院形状及其比例的改变会影响其微气候调节能力。Guo 等人在 2015 年以美术馆为案例，提出在综合考虑立面美学和平面功能的基础上，通过分配建筑物体积并创建开放空间和开口，在建筑物的适当位置创建某些形式的风，以通过风洞偏转风的流向和形式，从而促进自然通风。Guo 等人在 2017 年提出城市通风路径、分散形态和绿地系统对城市风环境影响显著，封闭的城市街区非常不利于通风。应小宇的团队在 2020 年研究了四种典型的围合式办公建筑组团布局的室外风环境，采用了结合地区气候特征的风环境评价标准，发现围合式建筑组团布局形态对室外风环境影响较大，分院型的室外风环境比合院型更为舒适。华中农业大学的武雨婷对武汉市滨江街区风环境进行了数值模拟，研究了影响滨江街区室外风环境的布局因素，包括建筑朝向、建筑高度和布局方式等，提出了 4 个参数：对平均风速影响最大的是建筑密度，其次是迎风面积比和绿地覆盖率，影响最小的是容积率。曾穗平等人选取 4 类典型居住组团的 20 种住区模块，运用 CFD 数值模拟方法，研究得到了建筑体积密度指数与城市通风环境的"风阻指数公式"，并提出了适宜天津气候环境的居住建筑布局模式。应小宇等人对单栋围合式建筑的 12 种典型开口方案进行了风环境模拟，研究了围合式多层建筑的开口和建筑风环境优劣的关系。

李晓锋等人在 2003 年对南方某围合式住宅建筑群进行了微气候综合测量，总结了其热环境的主要特征。研究结果表明对于不利于自然通风的围合式建筑，合理的建筑构造（如架空）和开口位置可以达到强化自然通风和降低区域温差的良好效果。张宁波对围合式建筑室内外空气环境进行了实测与数值模拟分析，同时对围合式建筑空间内空气流动和污染物浓度分布进行了数值模拟，提出围合空间采用高度较低的开口是解决围合空间内空气质量和室外微气候独立性对自然通风需求正好相反的矛盾的有效途径。袁景玉等人探讨了半围合式空间的风环境舒适性尺度与气候因素的关系，提出在综合考虑风环境和能耗的情况下，建议半围合式庭院空间长宽比最优选择 0.75～1.0。杜宇航提取出适合量化的围合要素并构建了围合度评价方法。从建筑形体比例、建筑形体围缺、立面通透率的角度总结围合度与院落空间风环境舒适度的变化规律。刘姿佑从风环境适宜性角度出发，通过对多层建筑围合单元的数值模拟，探讨了平面布局参数（围合形式和内院形状两大类）与围合空间风环境舒适性之间的关系。

1.3.3　特定城市区域风环境

当研究尺度更进一步扩大时，相应的城市区域风环境研究便步入了人们的视野。随着社会的发展，城市规模进一步扩大，相应产生了大大小小的城市区域，这些城市区域有着各自不同的特点，如城市中心区、城市老城区、城市山地区等。类别的划分可能是针对地形的不同，也可能是针对使用性质的不同。不论是哪一种城市区域的划分，都需要有相对应的城市风环境策略加以辅佐，这样才可以形成良好的城市室外环境，提高城市居民的生活舒适度。

赵洋和张雅妮分别就其所在的两个城市的山地区域进行了风环境模拟，找出了适应山地城市区域的风环境优化策略。郭廓则对不同使用性质的城市区域进行了风环境研究。Liu、Hang、Toparlar 等人从风环境模拟技术方向入手，寻求在城市区域规模下的最佳风环境模拟方法。

Oke 等人在 1973 年的研究中论证了村庄、城镇或城市的规模（以其人口为单位）与其所产生的城市热岛效应和区域风速之间存在着关系。分析表明无云天空下的热岛效应的强度与区域风速的倒数以及人口的对数有关。Oke 在 1988 年的研究中分析了街道的几何特征和城市微气候之间的关系，总结出中纬度地区街道高宽比（H/W），即街道两边建筑的高度与街道宽度的比值（用于描述街道的截面比例）在 0.4~0.6 较为适当。

He 等人在 1999 年介绍了采用 CFD 数值模拟的技术对城市风环境进行评价的实际应用。研究表明，与风洞试验相比，CFD 数值模型也是准确的，而且可以提供详细的风向数据，模拟速度更快。Chang 和 Meroney 在 2003 年的研究中应用 Fluent（计算机软件程序）和四个不同的 k-ε 模型（湍流模型）来计算街道峡谷内的风场，发现在不同的城市街道峡谷中，街道宽度与建筑物高度之比与环境风场有相关性。

Tominaga 等人在 2008 年介绍了日本建筑学会（AIJ）工作组提出的使用 CFD 技术在设计阶段对建筑物周围风环境进行预测和评估的最佳实践指南，研究中进行的 7 个测试案例的交叉比较结果可用于验证在风环境评估中使用的 CFD 模型的准确性。Hang 等人2011 年对高层建筑群的风环境做了试验和数值模拟，发现较宽的街道或者较小的建筑密度，以及适当的建筑物高度变化可能是改善高层城市区域通风的关键要素。Ying 等人2016 年的研究讨论了由于规划指标变化对高层住宅建筑周围风况的影响，同时考虑了潜在的建设成本。

华中科技大学的甘月朗探索了针对街区尺度风环境研究的城市空间形态指标，对孔隙率、皱褶率、天空开阔度等潜在指标与街区形态的相关性进行分析，得出不同的城市街区形态可能适用不同的评价指标的结论。吉林大学的高政通过计算机数值模拟，并采用标准k-ε 模型探讨了城市中微尺度范围内的街谷污染物扩散与风环境问题，发现影响街道中污染物扩散的因素有流速大小和涡流结构这两方面，并且当来流风向变化时街道中污染物停留时间也不同。哈尔滨工业大学的庆哲研究了高密度城市街区室外自然通风性能和声环境在城市空间布局上的关系，提出了采用合理的高密度城市街区空间设计策略可以达到同时改善户外自然通风性能和声环境的效果。

1.3.4 城市的风环境

城市风环境的研究由来已久，欧洲的学者们最早在 1930 年就用观测法发现城市夜间有从市郊向市中心辐合的风场，该风场即为热岛环流。从 20 世纪 60 年代起，风洞试验的采用使得对建筑周边气流运动的准确模拟成为可能。从 20 世纪 90 年代起至今，基于计算机数值模拟的城市风环境研究进入了相对成熟的研究阶段。

Stathopoulos 在 1997 年分析了计算机模拟在城市风环境研究中的应用，提出了计算结果的可变性，并将其与风洞测量的可变性进行了比较，强调了数值方法在设计实践中应用的局限和发展潜力。Stathopoulos 等人 2004 年提出在室外人类的舒适度受多种天气和人为因素的影响。该研究通过问卷调查、现场测量和统计分析揭示了风速、气温、相对湿度和太阳辐射对人类在城市环境中的感知、偏好和整体舒适性的综合影响。Stathopoulos 在 2006 年对行人高度处风速评估进行了研究，概括了考虑风速、该地区温度和相对湿度的总体舒适度指数的评估标准。

表 1.3-1 总结了近年来国内外学者针对城市风环境进行的研究。由此可以看出，虽然目前对城市风环境的研究已经很丰富了，尤其是近些年对两栋及以上建筑群和城市部分区域所进行的风环境研究成果显著，但是已有针对城市多层高密度街区街道空间的研究主要还是集中在发展理论、发展模式，以及外部空间相关的城市设计方面。城市多层高密度街区街道空间布局定量要素和风环境之间的关系研究还无人涉及，导致现今学术界内缺少标志性的能用于建筑设计和城市设计的定量化指标。

风环境研究尺度表

表 1. 3-1

代表学者	时间/年	内容	研究尺度
魏迪	2019	研究公共卫生间的建筑模式方案，塑造其周边良好的风环境	单体建筑
杨晓敏	2018	对某办公楼室外风环境进行模拟，并评价其风环境优劣，提出改进手段	
Yang	2018	研究了线型中学教学楼中各个房间的相对通风关系，得出线型教学楼通风的最佳风角，帮助建筑师更科学合理地进行建筑设计	
Zhao	2017	从增大风压差创造自然通风入手，分析高层建筑表面压力系数的特征，识别建筑形状对系数分布的影响	
吴珍珍	2010	采用城市风环境分析后的边界条件以确保准确性	
吴恩荣	2006	制定了香港地区户外舒适度评价指南	
邬杰	2014	建筑开口对办公建筑室内自然通风的影响	
张岩	2019	在过渡季引入自然通风解决高能耗、低舒适度的问题	
柳红明和王嘉琪	2019	高层建筑裙房周围风环境状况、裙房体形和场地因素	
张忠国和王一鸣	2019	先分析基本形体规律营造城市空间，再采用模拟——分析——模拟的手段优化规划方案	
张举	2019	对某小区进行风环境模拟，以确定其是否符合相关规范	两栋及以上建筑群
应小宇	2019	对某地块的建筑群进行风环境模拟，寻找最合适的建筑群朝向以获得最佳的室外风环境	
单雅蕾	2018	利用数值模拟手段分析了某条街道的室外风环境，并提出改进意见	
黄丽蒂	2018	归类寒冷气候区的典型小区基本原型并进行室外风环境模拟，对比其模拟结果，选出风环境最佳的基本原型	

续表

代表学者	时间/年	内容	研究尺度
张毅	2018	研究城市街谷内风环境特点和污染物扩散规律,指导城市街区规划	
Allegrini	2016	研究建筑物的通风风道处的风速变化情况,精确模拟了建筑周围的风场分布	
Heidarinejad	2015	对影响城市住区能量和空气流动的建筑住区属性进行评价,进行多尺度的建模,量化建筑邻里属性对建筑能耗的影响	
Liu	2016	利用实测热参数和模拟风速进行室外热舒适预测,尽可能提高城市的宜居性	
Sharples 等	2001	庭院和中庭建筑模型的风环境	
Abdulbasit 等人	2013	庭院形状及其比例的改变对其微气候调节能力的影响	
Guo	2015	分配建筑物体积、创建开放空间和开口,在建筑物的适当位置创建某些形式的风	两栋及以上建筑群
Guo	2017	城市通风路径、分散形态和绿地系统对城市风环境的影响	
Ying	2020	四种典型的围合式办公建筑组团布局的室外风环境	
武雨婷	2019	街区空间形态对滨江街区风环境的影响机制	
曾穗平	2019	建筑体积密度指数与城市通风环境的"风阻指数公式"	
应小宇	2019	围合式多层建筑的开口和建筑风环境优劣的关系	
李晓锋	2003	围合式建筑自然通风的优化	
张宁波	2014	围合式建筑室内外空气环境特征	
袁景玉	2017	半围合式空间的风环境舒适性尺度与气候因素的关系	
杜宇航	2019	围合度与院落空间风环境舒适度的变化规律	
刘姿佑	2019	平面布局参数(围合形式和内院形状两大类)与围合空间风环境舒适性之间的关联性	
赵洋	2019	利用风环境数值模拟方法对山地环境进行分析,提出相应改善策略	
张雅妮	2018	利用风热与视觉的不同耦合模式的校验方法对广州市白云新城进行风环境模拟	
郭廓	2018	通过对不同使用性质的城市用地进行风环境模拟,提出相应优化设计方式	城市某一区域
Liu	2018	利用某气象站的风信息进行流体力学计算研究城市布局中风的分布,得到建筑周边详细风环境数据	
Hang	2011	采用计算流体动力学模拟方法研究城市风的分布规律,以空气龄来量化城市风环境,并对空气交换效率进行评价	
Toparlar	2015	通过对鹿特丹博格波尔德地区进行风环境模拟,来预测城市温度	

代表学者	时间/年	内容	研究尺度
Oke	1973	村庄、城镇或城市的规模与其所产生的城市热岛效应和区域风速之间存在的关系	城市某一区域
Oke	1988	街道的几何特征和城市微气候之间的关系	
He	1999	CFD 数值模拟的技术的准确性和优点	
Chang 和 Meroney	2003	城市街道峡谷中,街道宽度与建筑物高度之比与环境风场有相关性	
Tominaga 等人	2008	CFD 技术在设计阶段对建筑物周围风环境进行预测和评估的最佳实践指南及其准确性	
Hang	2011	适当的建筑物高度变化可能是改善高层城市区域通风的关键要素	
Ying	2016	规划指标变化对高层住宅建筑周围风况的影响	
Toja-Silva	2018	针对湍流强度、风速和风能开发优化了建筑屋顶形状并介绍了应用于城市风能的建筑空气动力学的最新技术	
甘月朗	2014	适用于街区尺度风环境状况研究的城市空间形态指标	
高政	2019	微尺度范围内的街谷风环境与污染物扩散	
Stathopoulos	1997	计算机模拟在城市风环境研究中的应用	整个城市
Stathopoulos	2004	在室外人类的舒适度受多种天气和人为因素的影响	
Stathopoulos	2006	行人高度处风速评估标准	
王沨枫	2019	利用风环境模拟方式,总结多风城市的风环境问题,提出防风林和通风廊道结合的改善方法	
李井海	2019	以成都市为研究对象,进行风环境模拟,提炼影响城市风环境的关键因素与规划建议	
Jacob J	2018	对实际的城市全尺度区域内的气流进行了数值模拟,比较了几种风舒适准则	
Tominaga Y	2008	基于 CFD 预测、风洞试验结果和 7 个测试用例的现场测量结果之间的交叉比较,总结指导方针用于城市风环境研究	

通过大量对前人研究成果的总结，明确了现今城市多层高密度街区的研究主要涉及经济、政策等多个方面，基于物理环境的空间布局相关研究并不是很多。在街道空间布局方面的研究也主要集中在经济学、行为学、心理学的研究。研究城市风环境的方式多种多样，采用计算机数值模拟的方法最为有效便捷。城市风环境尤其是城市通风质量对居民的舒适度、健康和生活质量有着重大影响。因此基于风环境的城市多层高密度街区空间布局的研究十分必要。

通过上述国内外相关研究综述的分析，国内外在风环境相关研究领域还存在一些问题。

从城市风环境研究基础层面，关于城市风环境的研究由来已久，研究的理论体系已较为完善，特别是CFD数值模拟技术的应用提供了良好的技术条件，但是目前风环境的评价标准尚没有公认的评价体系。

从城市风环境研究对象层面，已有的研究所涉及的研究对象比较广泛，在城市尺度、街区尺度、建筑尺度均有涉及，但多数研究集中于街区尺度、住宅区和高层建筑，研究对象较少涉及办公建筑。

从办公建筑的研究层面，目前对办公建筑的研究多停留在室内自然通风层面，或者从建筑能耗的角度对办公建筑的布局、形体策略等进行探讨，而较少考虑办公建筑室外风环境的舒适性。

从建筑布局层面，围合式建筑布局已经受到一些研究者的青睐，但是出发的角度各有不同，尚没有在建筑设计层面对围合式建筑布局的设计变量和围合空间的室外风环境提出具有普适性的建议和指导，缺乏量化的指标和定量的关系。

1.4 安全的城市风环境

1.4.1 安全城市风环境的定位

自 20 世纪 60 年代起，国内外环境物理学家开始对风环境展开研究。Visser 指出风环境主要两个指标：风速和风向，一般来说风速不能大于 5.0m/s。Bottema 设定了蒲福风力等级表，认为 3.4～5.4m/s 的风速是最适宜的风速。Lechner 指出风环境与人居环境的利害关系，良好的风环境利于建筑节能；不好的风环境，如过大的风速，会对行人造成伤害。

目前的评价方法主要有：相对舒适度评估法、风速概率评估法、风速比评估法、基于热舒适度的评价方法等。

1.4.2 相对舒适度评估法

相对舒适度评估法是以人的舒适性需求这一主观性的评价为出发点，判断依据是人在不同活动类型和活动区域中对不同的风速等级的舒适度感受，在分级时也结合了不舒适风发生频率的评价方法。这种评价方法是 Davenport 在 1972 年基于蒲福风级对行人高度处人的风舒适度感觉进行研究的成果，他首次在建筑风环境舒适度评价中引入行人高度处风速的概念，将活动类型和活动区域这两个影响舒适度的因素纳入考虑范围，因此该评价方法与绝对风速阈值评估相比更具有现实的指导意义。表 1.4-1 为 Davenport 基于蒲福风级的相对舒适度风环境评价标准，其中蒲福风级（Beaufort Scale）是国际通用风力等级划分标准，划分的依据是风影响地面物体或海面的程度，根据风力的强弱共分成 13 个等级（表 1.4-2）。蒲福风级作为风速评价标准时应换算到行人高度 1.5m 处的风速值。

相对舒适度风环境评价标准（以蒲福风级为基础）　　　　　　表 1.4-1

活动类型	活动区域	相对舒适度蒲福风级指标(m/s)			
		舒适	可以忍受	不舒适	危险
快步行走	人行道	5	6	7	8
慢步行走	公园	4	5	6	8

活动类型	活动区域	相对舒适度蒲福风级指标(m/s)			
		舒适	可以忍受	不舒适	危险
短时间站或坐	公园、广场	3	4	5	8
长时间站或坐	室外餐厅	2	3	4	8
可以接受的代表性准则		<1次/周	<1次/月	<1次/年	

注：表中的"1次"是一场持续1.7~2.5h的风。

蒲福风级 表1.4-2

风级	风速*	描述风力术语	陆上情况
0	0~0.2	无风	静,烟直向上
1	0.3~1.5	软风	烟能表示风向,风向标不转动
2	1.6~3.3	轻风	人面感觉有风,树叶有微响,风向标转动
3	3.4~5.4	微风	树叶及小树枝摇动不息,旗展开
4	5.5~7.9	和风	吹起地面灰尘和纸张,小树枝摇动
5	8.0~10.7	清风	吹起地面灰尘和纸张,小树枝摇动
6	10.8~13.8	强风	大树枝摇摆,持伞有困难,电线有呼呼声
7	13.9~17.1	疾风/劲风	全树摇动,人迎风前行困难
8	17.2~20.7	大风	小树枝折断,人向前行阻力甚大
9	20.8~24.4	烈风	烟囱顶部移动,木屋受损
10	24.5~28.4	狂风	大树连根拔起,建筑物损毁
11	28.5~32.6	暴风	陆上少见,建筑物普遍损毁
12	32.7~36.9**	飓风/台风	陆上少见,建筑物普遍严重损毁

注：* 表示风速指海平面上10m处。陆上情况只是概括性的描述。风速与风级的关系：$V = 0.836 \times (B^{\frac{3}{2}})$。其中，$V$ 为风速（m/s），B 为风级。

　　** 表示没有被大多数气象机构采用。

1.4.3　风速概率评估法

Penwarden 和 Wise 曾提出 5m/s 是一个临界值，用于判定风环境舒适度。1978 年，Simiu 与 Scanlan 依据大量的现场实测、问卷调查和风洞试验的研究，结合不同风速和气流分布影响范围提出了表 1.4-3 所示的人的不舒适度与不舒适风速的关系。1981 年，Shuz Murakami 和 Kiyotaka Deguchi 在研究中引入了临界风速这一概念，总结了人在不同姿势下满足舒适性要求的最大风速及风频。此后，Soligo 等研究者在适合某些类型的行人活动的风速范围归类的基础上，引入统计和概率的理念，提出了风速值可接受出现频率的概念，利用某一时间跨度内风速超过某一标准的比例来评价。表 1.4-4 即为 Soligo 在总结众多研究成果的基础上提出的结合不同行为的临界风速和相应频率的评价标准，他们认为一般情况下，在 80% 的时间中，风速维持在相应的阈值中，人的风环境舒适度可以维持较高水平。80% 这一频率在实际情况中可根据需要适当提高或降低限制，而且是从动态角度综合评价，是风环境评估标准的进一步延伸。

行人高度处风速与人舒适度　　　　　　　　　　　　表 1.4-3

风速 V(m/s)	人的感觉
<5	舒适
5~10	不舒适,行动受影响
10~15	很不舒适,行动受到严重影响
15~20	不能忍受
>20	危险

Soligo 风速概率评价标准　　　　　　　　　　　　表 1.4-4

类别	平均风速(km/h)	频率
坐	0~9	≥80%
站	0~14	≥80%
行走	0~18	≥80%
不舒适	>18	>20%
严峻	≥52	≥0.10%

1.4.4　风速比评估法

相对舒适度评估法和风速概率评估法都与人的主观性评价有一定的关系,评价较为主观。而风速比评估是指某人行高度处测点风速 V_i 与此处没有受到干扰的来流风速 V_0 比值的大小,风速比可以反映建筑物对风速变化的影响,计算公式为:

$$R_i = \frac{V_i}{V_0} \qquad\qquad (1.4\text{-}1)$$

式中　R_i——风速比（m/s）；

　　　V_i——测点风速（m/s）；

　　　V_0——初始来流风速（m/s）。

研究表明在一定风速阈值内建筑周围的风速比趋于稳定,即初始风速变化时,风速比较为稳定。风速比可以作为一项评价建筑室外风环境的指标,因为其数值大小能反映建筑对室外风环境的影响程度。Tetsu Kubota 的研究表明使行人感觉风过于强烈的风速比大于2.0;由于风速很低,当风速比小于 0.5 时不易于空气流动。因此,风速比标准一般介于0.5~2.0 之间较为舒适。Hyungkeun 等人发现即使在冬季低风速下,行人也会感到不适,由于现有标准仅考虑风的机械效应,因此在冬季评估行人的舒适度存在局限性。在不考虑其他天气条件（例如温度和湿度）的情况下定义行人舒适度值是不合理的,风速比评估方法在这方面仍旧有所欠缺。在实际应用中,需根据研究目的和条件的不同来进行具体判断。

1.4.5　基于热舒适度的评价方法

香港中文大学的吴恩荣教授团队 2006 年提出室外城市空间中遇到的热条件是空间使

用方式的主要决定因素，他们从三个方面了解了气流对行人舒适度的影响：风速，风寒和热舒适度。如果这些"舒适指标"的任意组合未达到特定水平，那么行人将不会感到舒适。对风速的研究表明，风速大于5m/s时行人开始感到不适，风速大于10m/s则会造成严重影响，在香港夏季典型的晴天，建议在阴凉处为行人提供舒适的城市风速为1.0～2.0 m/s。他们的研究将与香港气候类似地区的学术成果与香港热舒适度研究相结合，得出了香港室外热舒适度评价图（图1.4-1）。

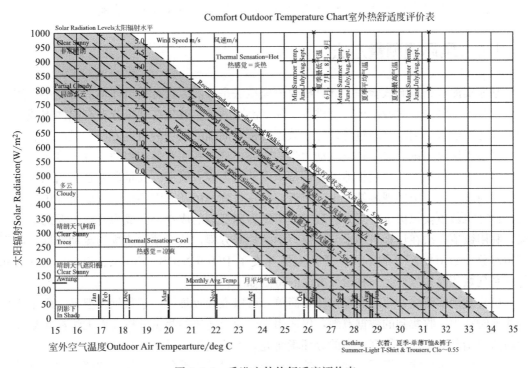

图1.4-1　香港户外热舒适度评价表

他们2011年还研究了温度、风速、太阳辐射强度和绝对湿度之间的关系，发现热感和整体舒适度之间存在高度相关性。研究中运用了生理等效温度的舒适度模型，从而明确热舒适度的风速范围。研究结果表明，典型的夏季里，气温为28℃、相对湿度为80%的日子里，穿着轻便的夏季衣服坐在树荫下的人需要约1.6m/s的风速才能获得中性生理等效温度；风速从0.3m/s增加到1.0m/s，相当于气温下降约2℃，太阳强度从136W/m²增加到300W/m²，相当于气温升高2.4℃。基于热舒适度的评价方法不仅与生理相关，而且在心理方面与人们的价值观、生活方式、行为模式、宽容度和适应能力有关，因此这种评价方法目前还需要进一步研究和补充。

1.4.6　其他评价方法

随着关于城市风环境的研究成果不断涌现，也有更多的风环境评价标准被提出。叶钟楠等人通过建立平均风速、强风区面积比、静风区面积比和风速离散度的指标来反映城市地块内的风环境。也有一些学者将城市形态参数用于风环境评价中，如南京大学丁沃沃团队对城市粗糙度、天空开阔度等城市的空间形态与微气候之间关联性的研究。

总体来看，目前国内外风环境评价标准不尽相同，较为普遍的城市风环境评价方法一般是从风的单一特征或表现来评价，有一定的不足，较难形成统一的评价标准和完善的体系。但是，结合区域气候特征，综合考虑温度、湿度和风的影响来确定风环境舒适度的评价标准无疑是研究的趋势。

当比较建筑布局的实测与模拟数据时，情况会有些复杂。实际环境中风速十分不稳定，风环境模拟中设置一个恒定的初始风速值时，往往结果会和实际环境中的风速有差异。因此，本节采用风速比这一标准来比较不同建筑布局对风环境的影响。

1.5　风环境测量方法

基地实测法、风洞试验法、计算机数值模拟法是目前多数有关风环境的研究中采用的方法。基地实测法是对城市风环境进行实际观测和测量，就是在现场分布有限测点或流动测点进行现场数据测试，通过统计记录数据分析其周围的风场的研究方法。风洞试验法又称大气边界层风洞试验法，是空气动力学的研究工具，利用几何相似的原理，将建筑物缩尺模型放置在风洞中，再用仪器测量模型承受的风力或者风速。大量研究也指出风洞试验的结果与现场风环境的观测结果十分接近，在建筑物通风及周围环境的风场研究中应用广泛。计算机数值模拟由于其强大的数据解析能力和低廉的成本，已成为目前主要的研究手段，利用数值方法在计算机中求解流体力学的控制方程，从而预测流场的流动特性。由于模拟对象、数值模型等的不同，研究人员开发了 PHOENICS、Fluent、Star-cd、Airpak 等一系列数值模拟软件。三种研究方法的特点如下：

（1）基地实测法：原理和操作比较简单，可以准确收集第一手数据。但是，由于现场观测耗时耗力，收集到的数据有限，仅适用于已建成建筑的测量分析，而无法在规划设计阶段给予指导。适用于街区尺度的分环境研究，不能用于大尺度研究。

（2）风洞试验法：根据常规的气象资料确定试验的边界条件，并且按照比例建立城市空间模型，在风洞试验设备中模拟和研究城市风场，是基地实测法的技术辅助。但是，成本高、周期长、试验设备要求较高在一定程度上限制了它的应用。

（3）计算机数值模拟法：作为目前广泛使用的研究手段，具有成本低、数据处理能力强、模拟周期短的特点，而且能够用于建筑群尺度以上的较大尺度的风环境研究。模拟的准确性与计算域、网格划分、计算模型和求解方案的选取有关，因此需要严格的验证。目前国内外常用的数值模拟和环境分析软件大致可分为两大类：

一类是通用类商业 CFD 软件，可以使用数值模拟方法描述和刻画中小尺度的三维流场和温度场。例如 Fluent，是美国 Fluent Europe 公司开发的商用 CFD 软件，其物理模型丰富，擅长描述复杂几何边界的动力学效应。

PHOENICS（Parbolic, Hyperbolic or Ellicpic Numerical Integration Code Series）是国际计算流体与计算传热的主要创始人、英国皇家工程院院士 D. B. Spalding 教授及 40 多位博士近 30 年心血的典范之作，英国 CHAM 公司开发的基于有限体积法的商业 CFD 软件，适应复杂的非结构化网格计算，是世界最早的计算流体与计算传热学（CFD/NHT）商用软件。它广泛应用于航空航天、船舶、汽车、暖通空调、环境、能源动力、化工等各个领域，可以用来模拟流体流动、传热、化学反应及相关现象。在建筑学界内，一般利用

PHOENICS 软件进行建筑室外风场、建筑表面风场及城市热岛效应模拟。

OpenFOAM 是由英国 OpenCFD 公司开发的开源非商业 CFD 软件，支持多面体网格，可以处理复杂的几何外形，网格质量非常高。

另一类是建立在中观尺度上的专用类环境和数值模拟软件，用以针对各专项进行分析：Ladybug Tools 系列软件由美国宾夕法尼亚大学的客座教授 Mostapha Sadeghipour Roudsari 主持开发，它允许用户在 Grasshopper 环境下导入和分析标准气象数据：绘制太阳路径、风玫瑰、辐射玫瑰等的图表，自定义多种分析图样式，进行辐射分析、阴影研究和视线分析等。

在 1980 年以前，风环境评价方法主要是做风洞试验。该方法对场地、设备有要求，无法大量推广。Landsberg 指出，在规划和管理工作中，需要新的评价工具开展有效的可持续环境评估。随着计算机模拟计算的发展，Chen 在 1997 年指出风洞试验虽然能够利用模型理论研究自然通风，但其缺点为试验中的风向无法测量。这促进了计算机模拟技术的发展，流体力学模拟（CFD）系列软件越来越受到研究者的欢迎。John 和 Jonathan 认为计算机模拟技术是风环境评价的有效途径。

近期此类研究工作，例如 Frank 的街道行人高度风环境研究，还有 Hu 和 Wang 针对某博物馆室内风环境评估研究，都是基于建成环境的风环境，规划者仍然无法在设计构思之初得到有效指导。本书在后面的章节将介绍基于 Grasshopper 参数化平台的 Ladybug 数值模拟软件，它可以对城市街区环境尺度上的微气候进行模拟，将风、湿、热、日照等环境经过耦合计算后得出模拟区域人体舒适度（UTCI）的分布。借助同为 Grasshopper 平台插件的优化程序 Galapagos 以及 Grasshopper 自身强大的参数化建模能力，可以较好地满足寻优实验对于软件部分的需求。

1.6　室外风环境实测与计算机仿真模拟结果的差异性

当预测建筑的室内风环境时，建筑物理方面的学者往往采用 Airpark、PHOENICS 等风环境模拟软件进行分析。一般步骤为：先根据建筑平面建立模型；然后在软件中设定边界条件，包括墙体开口或者窗口位置的初始风，墙面和地面的摩擦系数等；最后进行运算，最终得出风速、风向分布图，进行分析得出结论。

在中国的城市化进程中，大量的城市规划、建筑设计项目缺乏环境评价工具的指导，因此一些设计人员在概念规划阶段，直接利用这些风环境模拟软件对方案进行模拟，以达到优化建筑群布局的目的。事实上，室外风环境远比室内风环境来得复杂，这是因为室外来风的速度不稳定，来风风向也经常变化；除了建筑布局，室外风环境还受室外绿化和地面铺装的影响。因此，对既有建筑群的室外风环境调研很重要，除了有助于了解室外风环境的特性，还能与计算机仿真模拟的结果进行比较，从而验证 Airpark、PHOENICS 等风环境模拟软件在预测室外风环境的适用性问题。下面以杭州 3 个小区为例进行实测。

1.6.1　实测范围的选择

在过去，杭州的城市范围仅为以西湖为中心辐射 4km 的区域内。从 1990 年开始，杭州的城区范围开始往东、西、北三个方向伸展，到了 2006 年前后，杭州的城区范围最北端距西湖将近 12km（图 1.6-1）。这一城市化的进程极大地推动了郊区的城市建设，在短短几年中，使城区与郊区的交界地带面貌发生极大改变（图 1.6-2）。从图 1.6-3 可以看到，大量高层住宅小区拔地而起。

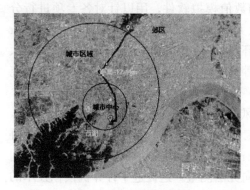

图 1.6-1　杭州市郊区

图 1.6-2　发生巨大变化的区域

如果将该地区作为研究范围，针对高层建筑群布局对室外风环境的影响分析，可以为优化快速城市化进程中的室外风环境提供评价依据。

在该地区中，选择北景园枫丹苑、嘉里桦枫居和元都新景 3 个小区的室外风环境作为研究对象。这主要是出于以下 3 个方面的考虑：首先，3 个小区内建筑皆为高层建筑，层数从 15 层至 18 层不等，具有可比性；其次，3 个小区的相互间距在 600～750m，城市来风相互间没有影响；最后，3 个小区周边建筑形式接近，都为多层建筑且分布规整，小区外的风环境影响条件较一致（图 1.6-3）。

图 1.6-3　小区周围的高层建筑

1.6.2　实测和计算机模拟的方法

研究中的实地调查分两个部分，建筑布局和风环境。建筑布局部分的信息包括建筑高度、建筑间距；风环境部分的信息包括小区内、外的场地风速、风向，居民的风环境满意度调查。

1. 实测过程

在 2011 年 8 月 20 日的 13∶00～15∶00 时段，20 个人分布在小区内，每人负责一个测点，用风速仪同时记录室外行人高度（1.8m）的风速。由于实际风速不稳定，因此每人每隔 5min 记录一次，测量总时长为 30min，共获取 6 个风速测量值。从中得到风速测量最大值和最小值，并将 6 个风速值的平均值作为测点的实际风速值；同时，测量人员记录测点的风向。

2. 模拟过程

先利用红外线测距仪获得建筑布局数据，根据数据用 AutoCAD 软件建立小区模型，导入 PHOENICS 软件，然后根据当地气象站提供的当时主导风向和风速设定边界条件进行模拟，得到带风向箭头指示的小区建筑周围风速分布图。

3. 比较方法

实测和模拟的比较内容主要为各测点的风向和风速两部分。对比风向较简单，直接比较各测点在实测和模拟中的风向即可。对比风速较为复杂，由于吹入小区的外部风速与模拟的初始风速不一样，直接比较某测点的实测风速和模拟风速没有意义。如果将各测点的风速换算成风速比，则能比较建筑布局对初始风速的影响。风速比一般可按式（1.4-1）计算。

1.6.3　对比分析

在 3 个小区各自 30min 的实测中，可以发现各测点风向较稳定，但风速波动很大。总的来说，3 个小区内所有测点的风速实测值排序为：元都新景＞北景园枫丹苑＞嘉里桦枫居，模拟中的风速值排序与此一致（图 1.6-4）。

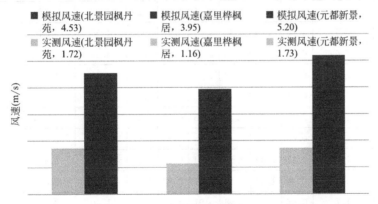

图 1.6-4　3 个社区的实际测量和模拟中的平均速度

1. 北景园枫丹苑小区

该小区为杭州市保障性用房项目，绿化投资有限，小区环境一般。小区主体于 2010 年底建成，因此大部分居民从 2011 年元旦起入住该小区。在调查问卷过程中，居民反映了 8 处在户外感受到风速较大和较小的地点，而且该小区只有 5 栋高层住宅，因此测点确定为 13 个测点（图 1.6-5），实测后与模拟结果（图 1.6-6）比较，得到 13 个测点的数据列表（表 1.6-1）。

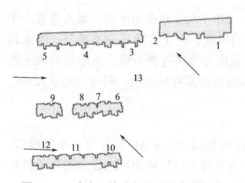

图 1.6-5　真实环境中矢量的分布和风向

图 1.6-6　北景园枫丹苑社区模拟结果

　　三天实测时的城市气象站显示主导风向均为东南风，但由于该小区西侧紧邻一处城市公园，空旷的场地造就了局部外部环境的主导风向，因此小区室外的西侧部分主要受西风的影响，小区内各测点风向也不尽相同。在一般风模拟中，人们往往简单地以城市主导风向作为模拟的初始来风，这与实际情况并不相符。模拟初始风向的设定应考虑城市小环境的影响。

北景园枫丹苑小区的实际测量和模拟

表 1.6-1

矢量点	温度（℃）	模拟风速（m/s）	实测风速（m/s）						现场平均速度（m/s）	风速最大值（m/s）	风速最小值（m/s）	速度波动范围（m/s）
			1	2	3	4	5	6				
点 1	36.8	4.0	2.20	0.36	2.80	2.09	2.69	0.28	1.59	2.80	0.28	2.52
点 2	36.5	7.5	0.20	1.17	1.59	0.66	1.65	1.26	1.06	1.65	0.20	1.45
点 3	36.6	6.5	3.20	6.20	5.30	2.11	3.90	6.54	4.55	6.54	2.11	4.43
点 4	36.1	7.6	6.11	4.04	5.05	2.58	4.05	2.89	4.25	6.11	2.58	3.53
点 5	36.7	7.5	0.19	0.59	1.20	0.12	0.05	0.62	0.41	1.20	0.05	1.15
点 6	35.4	5.4	0.24	1.30	0.44	0.65	0.95	0.18	0.63	1.30	0.18	1.12
点 7	34.7	1.7	2.24	1.20	1.17	0.15	0.28	1.15	1.03	2.24	0.15	2.09
点 8	34.6	1.1	0.68	1.31	1.40	—	—	—	1.13	1.40	0.68	0.72
点 9	35.0	1.1	0.12	0.09	3.41	0.54	0.10	0.35	0.77	3.41	0.09	3.32
点 10	36.6	5.6	2.8	1.22	1.13	2.57	2.02	1.23	1.83	2.80	1.13	1.67
点 11	36.2	1.7	0.98	1.77	0.98	0.97	2.74	0.94	1.40	2.74	0.94	1.80
点 12	36.0	2.0	1.16	1.33	0.78	1.28	1.10	2.69	1.39	2.69	0.78	1.91
点 13	37.3	7.2	—	—	—	1.64	2.92	2.55	2.37	2.92	1.64	1.28
街道	36.8	—	—	—	—	—	—	—	西—0.805 南—1.212	—	—	—

　　根据实测中各测点平均风速比较，由于测点 3 和测点 4 接近东南向主导风的进入口，因此他们两个测点的平均风速最高。

　　测点 10、测点 11、测点 12 在同一栋建筑的背风区。平均风速，测点 10＞测点 11＞

测点 12，主要因为测点 12 附近有西向风进入小区，与主导风互相作用后降低了风速。与之情况类似的还有测点 5。

测点的风速波动值即为最大值与最小值的差值。把波动值与平均风速放在一起比较，可以发现基本上，平均风速越大波动值越大，但有个别例外，比如测点 9 和测点 7。根据舒适度相关理论可知，风速波动越大，人体感知越强烈。因此测点 9 和测点 7 虽然平均风速小，但其对室外行人影响并不小。这种特殊情况并不会在模拟中发生。

在实测中，测点 3 和测点 4 的风速比远大于其他测点，很大程度上是室外的连续来风推高了两点的风速。但在模拟中，由于初始风速恒定且地面存在摩擦效应，两点的风速比与其他测点的差别没有这么明显（图 1.6-7）。

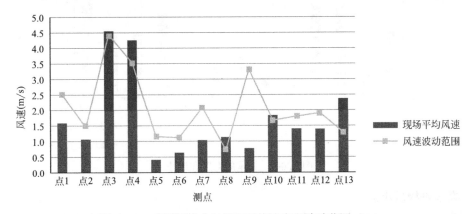

图 1.6-7　实际测量中矢量的平均速度和波动范围（一）

在模拟中，测点 13 的风速比应该很大，但在实际中并非如此。主要原因是该测点附近有集中的绿化，导致实际风速减小。这一点值得我们注意，因为软件模拟的条件设定中往往不会考虑集中绿化带来的影响（图 1.6-8）。

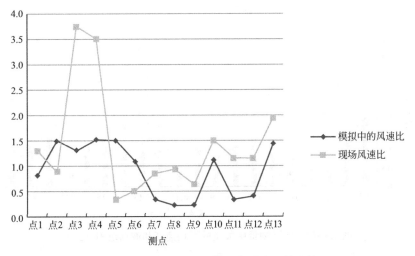

图 1.6-8　实际测量和模拟中风速比的比较

PHOENICS 软件还能通过风速情况计算测点的气温，解决建筑群的热岛效应问题，但在实测中，当把测点温度和风速放在一起比较时，可明显发现温度基本与风速无关。温度主要受太阳照射影响，其次受绿化植物蒸发吸热效应影响。测点中温度低的基本是在建筑的背阴面或者绿化附近（图1.6-9）。

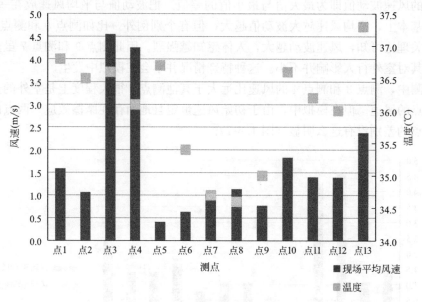

图1.6-9　矢量的温度和风速

2. 嘉里桦枫居小区

经调查，该小区居民入住时间也为2011年1月份以后。该小区为商品房项目，室外景观投资大，因此绿化情况很好。考虑绿化对风环境的影响，实测与模拟中的测点都增加到20个（图1.6-10）。

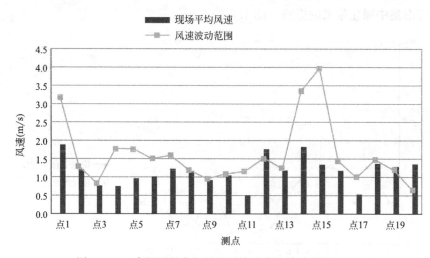

图1.6-10　实际测量中矢量的平均速度和波动范围（二）

从实测风向图来看（图1.6-11），该小区不仅受到城市主导风东南风的影响，与之相反的西向也有来风。

在该小区中，20个测点的平均风速为1.16m/s，比北景园枫丹苑小区的平均风速

1.72m/s 低了 30%。主要原因就是良好的绿化降低了风速。测点 11 和测点 17 的风速在所有测点中最低，这是因为这两点刚好处于小区中心花园位置，树木最为茂密。由于靠近小区来风的进风口位置，测点 1、测点 12 和测点 14 的风速明显高于其他测点。

　　将该小区的实测数据与风环境模拟数据进行对比（图 1.6-12、图 1.6-13）。我们发现，即使在模拟的建模过程中没考虑绿化时，模拟的测点分布曲线与实测的曲线大致相同，这说明在绿化较好时，模拟的结果更接近于实测。进一步得出结论，小区的室外风速更多地受建筑布局的影响。总体来说，模拟的边界条件设定虽然简化了实际条件，但是模拟结果仍然值得信赖。

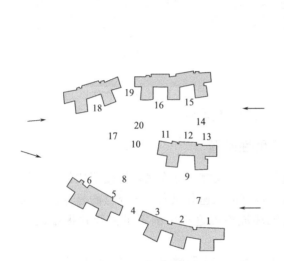

图 1.6-11　真实环境中矢量的分布和风向

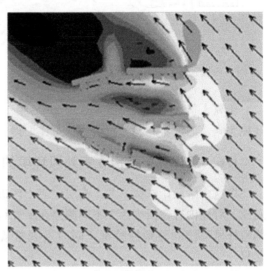

图 1.6-12　嘉里桦枫居社区的模拟结果

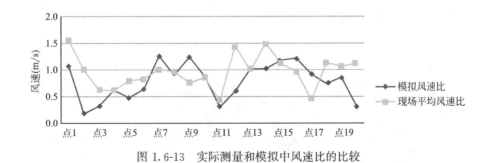

图 1.6-13　实际测量和模拟中风速比的比较

3. 元都新景小区

　　元都新景小区由于建筑栋数较多，布局类型多样，小区内风向变化大，但除了测点 1和测点 5 外，其余测点与模拟结果相差不大。对比该小区的实测和模拟的风速比，可以得出与之前一样的结论（图 1.6-14、图 1.6-15）。

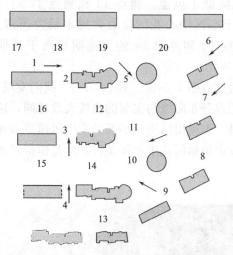

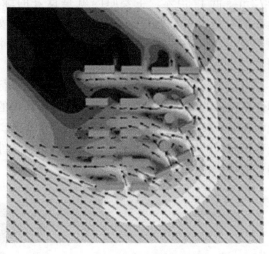

图 1.6-14　真实环境中矢量的分布和风向　　　　图 1.6-15　元都新景小区的模拟结果

研究人员接下来又在冬季，即 2012 年 1 月 10 日至 1 月 16 日对这三个社区进行了风环境实测。通过实测和计算机模拟对比，得出的结论与夏季相似。

1.6.4　计算机模拟在室外风环境的适用性问题

在这个阶段，选择了 3 个高层住宅小区进行风环境实测，并在风环境模拟软件中进行对比。对比内容包括小区中不同测点在室外行人高度的风速和风向。研究目的是分析并明确室外风环境的复杂性特征，同时发现常规风环境模拟过程中的不足之处并提出改进建议。

模拟软件结果中的温度分布与实际存在较大差别。在实际情况下，场地温度主要受太阳辐射影响，其次是绿化蒸腾降热作用。一般风模拟中，人们往往简单地以城市主导风向作为模拟的单一初始来风，这与实际情况并不相符。实际情况下往往会出现两股相对方向的初始来风。模拟初始风向的设定应考虑外部风环境的影响（图 1.6-16）。

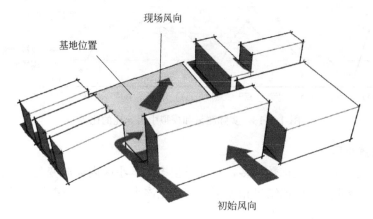

图 1.6-16　城市主导风向和地块初始来风的差别

　　空旷场地边上的风速比其他地方大得多，由于模拟的初始条件限制，模拟结果无法观察出这种差异。实测中发现由于自然风不稳定，平均风速越大的地方，风速波动幅度也越大。模拟的结果无法表现。绿化对室外风速存在影响，但是从总体来看，小区的室外风环境主要受建筑布局的影响。虽然风模拟软件欠缺对小区内其他环境因素的考虑，但在小区规划设计阶段，模拟结果是适用的。

第 2 章 建筑布局与风环境的相关性

在城市空间布局诸多影响因素中，建筑空间布局对室外风环境影响尤为突出。目前，对于城市空间和高层建筑的研究主要集中在发展理论、发展模式，以及外部空间相关的城市设计方面，高层建筑对防灾以及城市热岛效应的影响也有不少研究，但缺乏对两者间系统的、定量化的相关性研究，还未有标志性的能用于建筑设计和城市设计的定量化指标。

陈飞于 2008 年对高层建筑风环境进行了研究，以 L 形直放围合式、L 形斜放围合式、板式平行并垂直风向布置，以及板式平行并平行于风向布置等四种状态条件下进行的风环境 CFD 计算机模拟。高层建筑设计不仅包括建筑结构、体形及空间研究，而且包含建筑风环境的研究与分析。在双极气候区内，根据建筑特征选择相应的通风方式，增加室内空间舒适度的同时，保持冬季最小室内换气，最大限度地节约能源，防止通风换气带来的热量散失。赖林风等人于 2016 年针对高层建筑及裙房对风环境影响方面，有无裙房以及裙房的平面形制进行了研究，探讨了在单一风向下裙房这个因素对室外风环境的影响，得出了裙房的存在对于周边人行区域以及建筑风影区影响是不利的结论，指出形体退台有利于改善风环境，同时裙房平面形式边角越光滑，对风环境影响越小。马剑等人于 2007 年针对平面布局对高层建筑群风环境影响进行了数值研究。采用基于 Reynolds 时均方程和重正化群（RNG）k-ε 湍流模型的数值模拟方法，分析了由 6 幢方形截面高层建筑组成的建筑群的风环境。通过改变初始呈两行三列布置的各列建筑的横风向间距，得到了 8 种不同布局形式的建筑群，对各建筑群周围人行高度（2m）处的风速比和风速矢量场进行了比较，结果显示，当 6 幢建筑成围合型排列或成两行平行（并列型）排列时风环境较佳，当成 Y 形或 U 形排列时巷道效应和风速加强现象比较严重。

王辉等人于 2013 年通过对高层建筑风环境相关问题的基础研究，总结出影响风环境的高层形态要素。曹象明等人于 2017 年在分析西安市风环境和高层建筑现状布局的基础上，通过不同图像的叠加，分析了风环境和高层建筑区的建筑高度、建筑密度、绿地率这几个重要指标之间的关联性，在此基础上进一步提出基于风环境改善的西安市高层建筑区布局规划策略。王晶等人于 2012 年对基于风环境的深圳市滨河街区建筑布局策略进行了研究。总结出影响城市滨河街区风环境的建筑布局相关空间组合要素，得出基于风环境优化的建筑布局策略。

曾穗平等人于 2019 年对基于风速比和空气龄的小区风环境评价进行研究。选取 4 类典型居住组团的 20 种住区模块，运用 CFD 风环境模拟与数理分析，探索多模式空间组合状况下的冬、夏季风环境特征，解析不同组合模块的通风效率与建筑布局形态的耦合规律，得到建筑体积密度指数与城市通风环境的"风阻指数公式"，并提出适宜天津气候环境的居住建筑布局模式。孙丽然于 2017 年通过对哈尔滨气候特征进行梳理，得到目标区域内气象条件，为模拟实验中确定边界条件进行准备，得到地块形状、布局形式、建筑高度等因素对冬夏两季室外风环境的影响分析，提出设计策略。叶宗强于 2016 年对基于风环境评价的西安市大型居住区规划策略进行了研究，提出传统居住区规划往往缺少对风环境质量的有效评价和调控。

张华于 2016 年对江南水乡村镇住宅自然通风设计进行了研究，归纳出村镇住宅主要存在 6 种群体布局类型，5 种单体住宅类型，建立了江南水乡地区村镇住宅自然通风的评价方法，并在评价方法中引入量化的评价指标（静风区比率、舒适风速区比率）。从群体建筑布局方面总结了村镇住宅的自然通风设计策略。谢振宇等人于 2011 年基于改善室外风环境的高层建筑形态优化设计策略进行研究。以高层建筑周围风环境形成机理为依据，归纳高层建筑对室外风环境不利影响，从高层建筑形态层面，提出改善建筑底部人行水平面风环境的高层建筑形态设计评价依据和可操作的优化策略。郑颖生于 2013 年对基于提高高层高密度城市的通风效率以及改善高层建筑外围微观风环境的目的为导向进行研究，以参数定性研究的方法，从建筑形式选择、尺度控制、朝向、与周边建筑和环境的构成方式等角度进行分析，总结高层高密度地区中高层建筑设计的布局优化策略。

闫凤英等人于 2018 年研究了高层建筑对周围低层建筑的风环境的影响。建立 CAARC 标准模型进行模拟并与风洞试验结果对比，验证选用的湍流模型、边界条件和建模方法的有效性；将统计样本按照建筑布局分为 4 类并结合规范选取 3 种建筑高度进行数值模拟，给出了当前边界条件不同高度比下的最佳高层分布情况。刘君男于 2016 年研究了寒地高层住区对多层住区风环境影响特征与优化策略，总结了高层住区在建筑形式、建筑朝向、空间布局及与多层住区的相对位置关系、空间轴线关系，住区间距不同时，对相邻多层住区室外风环境影响的差异性及规律性，提出了优化高层住区周边多层住区风环境的具体策略。蒲增艳于 2017 年研究了建筑布局对住宅小区风环境的影响，利用 Fluent 软件对建筑布局为行列式和错列式的住宅小区风场进行模拟，通过分析这两种建筑布局下行人高度处（Z＝1.5m）风场风速的分布情况，得出这两种建筑布局对住宅小区风环境的影响，从而对实际的建筑规划起到一定的指导作用。李梦雯于 2016 年进行数值模拟，发现在相同建筑密度、容积率情况下，点群式、左错列式、左斜列式的平面布局更能起到引风作用，减少对来流风的阻挡；相比于高度均一的空间布局，不同高度的建筑群体组合更有利于增加场地内的平均风速，且褶皱率越大越有利于基地内的自然通风。在实际设计中建议考虑在上风向布置多层建筑，下风向布置高层，既可以在夏季提高总体的平均风速，又能在冬季减小冷风渗透，节约能耗。

2.1　布局：传统、现代和地域

在中国的传统建筑中，屋宇毗连，稍显拥挤，看似随意自由的建筑布局实则具有明确的设计意图。室外温度的变化和室外风环境会直接影响到建筑物室内环境的热舒适度，因而建筑布局不仅取决于太阳照射的角度，还取决于风向与风速。夏热冬冷气候区夏季主导风向是东南风，区域内建筑物朝向多顺应日照朝向和主导风向，采用南向或东南向，符合物理上建筑日照采光与通风的要求，考虑到了太阳辐射和风的因素，在不同季节应对不同的问题（图2.1-1）。

冬季需要足够的太阳辐射，结合必要的保护性措施来抵御寒冷的西北风，甚至采取人工采暖的方式达到舒适范围的热需求；夏季除了必要的遮阳措施外，还充分利用自然通风促进空气流动以带走湿热，达到热环境的舒适度。除建筑朝向外，建筑组群一般都采取错落布局。

但是，在目前中国的快速城市化进程之下，大量的城市建设只考虑满足容积率要求，忽视了风环境在内的室外物理环境质量（图2.1-2）。

图2.1-1　传统民居的布局方式

图2.1-2　快速城市化下的城市建筑
布局往往忽视室外物理环境的考虑

Q. Chen教授指出，建筑密度和布局形式与城市峡谷地理和方向紧密相关，并且极大影响城市热岛强度。对于建筑师或者城市设计者来说，空间布局是他们最有兴趣的工作探讨内容，任何可读性强的空间布局研究成果都可以在他们的实际设计工作中得到应用和检验。C. Allocca指出，以风环境的视角开展空间布局相关因子研究需要多方面的专业知识，包括建筑学、工程学、流体力学和气象学等。学科交叉是该研究的一个先决条件。

2.2　不同类型布局对风环境的影响方式

建筑布局影响建筑上风向与下风向状况，风速过大是由于建筑布局形成的狭口效应或室外植被的整体设计不能有效阻挡区域内过大的气流。通风不畅是上风向建筑的阻挡，在其背风面形成涡流，阻碍了下风向建筑室内外空间内的通风效果而产生的。试验证实，影响涡流长度与辐射面大小的因素在于建筑迎风投影面的面宽以及风向投射角的关系。单体建筑展开模式、公共空间结构、建筑行列式布局与自由式布局所形成的风环境差异性都对风环境有影响。

2.2.1　单体建筑形态的影响

建筑在形体上直线形展开与曲线形展开模式对气流的运动走向、室内通风状况的形成具有不同的作用。理论上分析，曲线形展开使气流发生流线型平滑移动，限定着气流的运

动方向，减小建筑负压区风速、风压的大小，引导气流朝有利方向发展。气流在运动方向
上遇到障碍物时产生的涡流，与水流遇到礁石后在礁石下游方向形成的涡流类似。涡流的
大小除与障碍物的尺寸有关外，还受到物体外界面平滑程度和风向投射角的影响。在相同
来流状况下，曲线形建筑布局在相同的风向投射面面宽的条件下，建筑的长度可达到最
大。在满足日照要求下，曲线形布局相当于改变了建筑迎风面与风向的角度关系，减小了
下风向建筑涡流区的大小与强度。气流绕过建筑后，在背风面形成的负压区最小，与圆形
建筑相似的是，曲线形展开模式在负压区形成的风环境相对于城市板式建筑布局风环境状
况有很大的改善（图 2.2-1、图 2.2-2）。

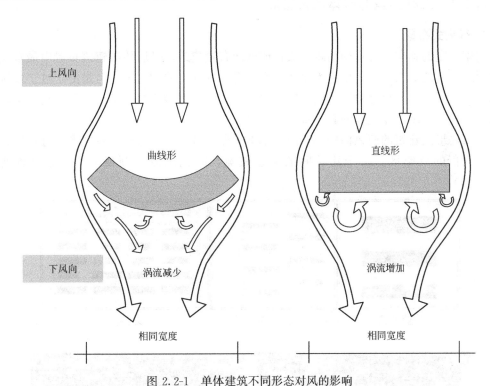

图 2.2-1　单体建筑不同形态对风的影响

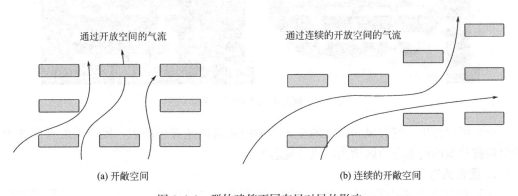

图 2.2-2　群体建筑不同布局对风的影响

2.2.2 群体组合布局的影响

住区作为城市社区容纳着城市生活、休闲的功能，现代人的生活方式及城市人际关系使空间呈带状特征向住区组团内渗透。住区内单一空间趋于消失，向多中心网络式发展。带状发展的中心使每个住区组团与自然交融，每个组团类似于不同的生命细胞体，与带状中心形成一个系统性网络化的微生态系统，空间内气流贯通，阳光充分，成为自然与建筑室内空间的过渡，形成相对比较稳定的住区微气候环境。

2.2.3 三种典型的群体组合布局

1. 行列式布置

根据一定的朝向、合理的间距，成行成列地布置建筑，是居住区建筑布置中最常用的一种形式。它的最大优点是使绝大多数居室获得最好的日照和通风，但是由于过于强调南北向布置，整个布局显得单调呆板。所以也常用错落、拼接成组、条点结合、高低错落等方式，在统一中求得变化而使其不致过于单调。

该布局形式建筑的迎风面较小，因此基本无滞留区产生。每幢建筑周围的近距离处形成一定面积的风影区。由于建筑间的通道较宽，因此风流动顺畅，风速随距离变小（图 2.2-3）。

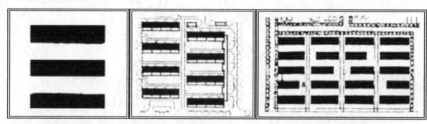

| 基本形式 | 平行排列 | 交错排列 |

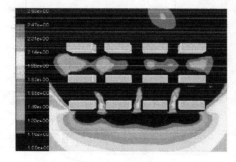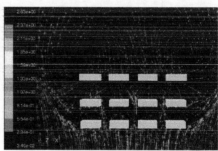

图 2.2-3 南向来风下的计算机模拟图

由此可以得出，随着风向角度的变大，横向通道风速有所增加，风舒适度有所减少，同时前排建筑的前面滞留区增大，风环境恶劣。

2. 围合式布置

建筑沿着道路或院落周边布置，这种布置有利于节约用地，提高居住建筑面积密度，形成完整的院落，也有利于公共绿地的布置，且可形成良好的街道景观。但是这种布置使较多的居室朝向差或通风不良（图 2.2-4）。

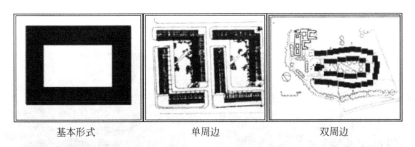

基本形式　　　　　　　单周边　　　　　　　　双周边

图 2.2-4　围合式布局形式

3. 散点式布置

随着高层住宅群的形成，居住建筑常围绕着公共绿地、公共设施、水体等散点布置，它能更好地解决人口稠密、用地紧张的矛盾，且可提供更大面积的绿化用地（图 2.2-5）。

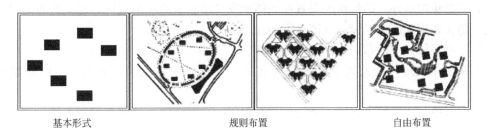

基本形式　　　　　　　　规则布置　　　　　　　　自由布置

图 2.2-5　散点式布局形式

2.3　不同气候区的合适布局

建筑布局与气候环境之间有着直接的关系，不同气候区内有着特定的制约因素。比如热带沙漠地区封闭紧凑的布局除了安全性的考虑之外，还要兼顾遮阳及防热性能的要求（图 2.3-1）。冰原气候区因纽特人利用雪块砌成半圆形集中式雪屋，除了在材料的选择上具有一定的限制之外，更重要的是就地取材，以适度技术完成建筑的建造，而且圆形集中式的布局可最大限度地减小热量的散失。大小空间集中式相互套叠式布局可以使建筑尽可能地抵御寒风，并保证结构稳定。热带雨林气候区的人们为应对潮湿的气候，会采取措施加强自然通风，促进空气中水蒸气及人体汗液的蒸发，使人感到凉快。建筑单体之间布局分散，外围护界面最大化有利于降低室内空气湿度，可最大限度地增强通风效果并极好地适应地形。这种布局形式在中国南方潮湿丛林地区比较普遍（图 2.3-2）。

图 2.3-1　干旱地区的民居布局方式　　　　　图 2.3-2　潮湿地区的民居布局方式

综合来看，建筑总体布局、地形特征、单体之间的关系在应对不同气候条件时具有不同的处理方式。风环境与建筑布局的研究将包括场地、建筑群体关系及单体建筑平面形式。

住区内风速的稳定是保证舒适性的重要因素，夏热冬冷气候区多数城市风环境属于季节变化型。住区在空间设计上以保证夏季自然通风的畅通与稳定，避免冬季风速过大缓解因通风造成的室内温度下降为宜，从而节约空调运行负荷。住区内开敞空间和线形道路是夏季气流运行的通道，室外空间的设计应能加强夏季穿堂风的运行，不至于造成一定的阻碍，并应避免把室外活动性空间布置在大体量或高层建筑的风影区内。建筑群布局尽可能规则，防止建筑无序布局影响气流运行的稳定性。

以北京某居住区的布局为例（图 2.3-3）。

北京全年风向与最大风频：冬季为北风，夏季以南风为主。北向、南向布置高层建筑。

方案一中，北向较为封闭，南向也相对封闭；方案二中，整体布局以点式、自由式为主，南北较为开敞；方案三中，北向封闭，南向较为开敞。针对三个方案均绘制了冬夏两季室外风环境模拟图。

从公共开敞空间内任选一点进行 CFD 计算机模拟试验可知，方案一中，由于北向高层建筑的遮挡，冬季该点室外环境距地面 1.5m 处的风速明显低于方案二室外同位置开敞空间处的平均风速；夏季，该点南向风速也明显低于小区内开敞空地处的风速。其原因在于夏季南向建筑虽有错开层，但行列规整式纵横布局形成的高密度也相应阻挡了南向气流的运动。

从三种方案的形体关系比较来看，由于北向点式高层在布局上无法对冬季寒风形成大范围的遮挡，因此在冬季上风向处，气流经过后的风向与风速变化较大。在全年静风率较高且湿度较大的城市，方案二模式将最有利于气流运动，更适合于湿热地区；北向空间的过度封闭在阻碍冬季风的同时也会阻碍夏季风，不利于住区室外空间的散热。所以方案一更适用于纬度较高或较寒冷地区，方案三更适合于具有季节变化型特征的城市（图 2.3-4）。

夏热冬冷气候区的城市中，南向空间开敞是不争的事实，而对于冬季风上风向处的封

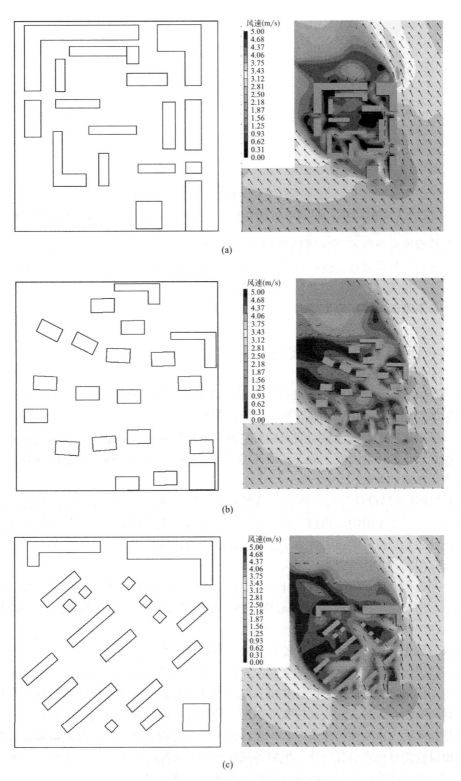

图 2.3-3　北京某住区三种布局的比较

（a）方案一；（b）方案二；（c）方案三

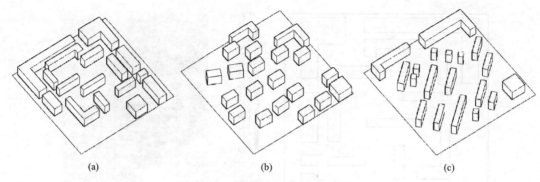

图 2.3-4　三种方案适合不同的气候区

(a) 方案一：适合冬天气温较低的区；(b) 方案二：适合常年气温较高的区；(c) 方案三：适合季节更替气温差异大的区

闭与开敞性程度应根据不同区域位置与其他制约因素，灵活平衡各不同气候因子条件而定。但住区封闭与开敞性程度应首先保证住区内环境的改善，以减小污染和有利于人的健康作为前提。在满足日照间距的情况下，通过计算机 CFD 风环境模拟试验，建筑师可根据图形结果不断调整并比较方案，最终设计出与气候环境适宜的建筑布局形态。

2.4　布局参数化与形态控制

为了兼顾室外物理环境和地块有效开发，许多规划师、建筑师做了大量努力。但是，原有的场地规划、建筑设计方法存在一定的局限性：

（1）城市新建中心区建筑空间布局对室外风环境影响相关的系统性研究较少；从城市规划、建筑设计的角度出发，缺乏物理环境指标预测指导下的能服务于总图规划、群体建筑空间布局推敲的方法。

（2）"建筑布局设计"与"物理环境指标评价"两者间尚没有较为完善的关联方法，难点在于：一是如果沿用"推敲一次方案就环境模拟一次"的老方法，环境指标评价不能对方案设计做到快速反馈；二是为了达到快速反馈的目的而忽视群体布局的多样性，将导致物理指标预测与实际情况出入很大。

（3）参数化设计是当前建筑设计领域中的崭新尝试，但目前主要应用在单体建筑形态设计方面，用于体现建筑形体的异形化、曲线化等艺术特征，并未与物理环境指标相关联，并且在群体建筑空间布局方面较少涉及。

建筑参数化的表达方法是以性能目标来引领设计的重要手段。清华大学建筑设计研究所徐卫国教授给出了参数化设计的概念：建筑参数化设计是受到复杂性科学的影响、以非线性理论和哲学为思想依据、以计算机为辅助设计工具，得到的最终常常表现出连续流动的、不规则的、自由的、柔软的建筑形态的一种设计方法。在风环境的研究领域中，建筑性能模拟技术的飞速发展为建筑参数化设计提供了有力的支撑，如果我们能够在方案设计初期提出以性能目标来引领设计，把室外风环境的需求控制作为建筑参数化设计的目标函数，就完全有可能为建筑风环境设计指出一条新的发展方向。

根据 P. Warren 的"模拟走向应用"研究，绿色建筑性能的优化途径很大程度决定于规划设计阶段，40％以上的节能潜力来自建筑方案初期的规划设计阶段。Suter，G. 等人对欧洲的 67 座绿色建筑（共应用 303 项绿色建筑技术）进行调研发现，其中 57％的技术措施是在方案阶段考虑的。

鉴于建筑能耗特点、建筑参数化设计应用的日趋广泛和绿色建筑发展所面临的挑战，近年来，越来越多的学者开始研究如何以建筑性能为导向，利用寻优算法优化建筑形体、表皮、内部空间排布等，使节能设计介入建筑设计的初级阶段。清华大学林波荣教授在天然采光、热体形系数等方面发展了针对多种单体建筑体形空间平面造型参数的目标寻优算法，建立了建筑能耗快速预测模型。哈尔滨工业大学的孙澄教授以涟漪形态为切入点，在 Autodesk Revit 平台中建构了一个非标准建筑形态设计项目从概念设计到数字模型，再到数控建筑物理模型的实践过程。除此之外，还有学者进行了关于建筑性能优化和参数化设计的一些研究，围绕建筑能耗特点而展开对单体建筑的形态评价和优化，但对群体建筑的布局、规划还没有针对性的研究。

"形态化"的高层建筑群体空间布局和"数字化"的环境性能指标两者间的量化相关这一科学问题将成为建筑布局形态控制的关键点。缺乏对这一问题的深入探讨和系列解答，将限制环境性能评价为方案设计服务、在设计阶段进行环境指标预测的可能性。因此本研究的主要思路为：

（1）考虑城市风环境的复杂性以及高层建筑群体空间布局的多样性，分析不同维度布局模式对室外风速、风向的影响方式。

（2）在此基础上，进行布局模式的参数化，提出布局模式与风环境指标的函数关系。

然后通过对空间布局目标寻优并进行计算机风环境模拟试验，对该评价工具的有效性进行验证，最终形成基于图形参数化的高层建筑群体布局设计策略，为减少不利城市公共空间风环境的产生，以及平衡城市高层高密度开发强度和城市生活所需高质量人居环境之间的矛盾提供理论支持。

第3章 风环境视角下的
单体、群体和
区块布局方式

3.1 单体建筑的适宜间距

建筑单体间距选取是否合理，直接关系到建筑室外风环境质量的好坏。针对目前高层住宅小区布局存在的问题，从改善室外风环境的角度，利用 PHOENICS 模拟软件对常见小区的布置形式进行模拟。模拟主要以山墙面间距和前后间距这两种类型展开。山墙面间距模拟考虑风速差的变化，前后间距则主要考虑风压差的变化，最后推算出单体建筑的适宜间距。

3.1.1 自然通风资源

通风季节是一年中室外气象条件使人感到舒适的季节。根据气象学原理，5d 为一计算周期，确定通风季节划分以连续 5d 均为通风日为起算时间。根据通风季节判定规则，可将杭州市的通风季节划分为两个区段（表 3.1-1）。杭州市通风季节大部分时间处于静风和轻风状态，自然通风并不是很有利，通风季节时盛行西南风，只要将小区整体朝向偏西南就能使得小区风环境得到优化。

杭州地区通风季节划分表   表 3.1-1

通风季节	开始日	结束日	持续天数(d)
春季通风季节	3 月 1 日	5 月 31 日	92
秋季通风季节	10 月 1 日	11 月 30 日	61

杭州市加强通风的时段为 3 月 1 日到 5 月 31 日 12：00～18：00，以及 10 月 1 日到 11 月 30 日 21：00～7：00。与通风季节相似，在这些需要加强通风的时段，杭州市也是盛行南风和西南风。同样，大部分时间处于静风和轻风状态。

3.1.2 建筑模型的建立

考虑建筑师在规划阶段的设计深度主要以总平面为主，研究模型主要以两种情况展开研究：山墙面间距和前后建筑间距。在山墙面间距模型中，采用建筑平面视图。为了研究方便，将杭州小区中常见建筑平面予以简化，保留风环境相关性大的主要特征，归纳见表 3.1-2。

1. 山墙面间距研究模型

杭州常见建筑顶平面类型表　　　　　　　　表 3.1-2

常见建筑平面	简化平面

在山墙面间距研究时模拟了三种不同平面形式的建筑物，如图 3.1-1～图 3.1-3 所示。模型中的建筑物布置形式全部采用水平并列布置。英文字母 A、B、C 表示建筑物，l 表示建筑物面宽，X_l 表示建筑物之间的山墙面间距。改变 X_l 的值，观察通过建筑物之间部位风速与迎面风速比值的变化情况，从而确定小区布置时建筑物间的山墙面间距要求。在具体操作中，又根据目前杭州地区居住区的实际情况，将模型高度分 60m 和 21m 两种情况进行研究。

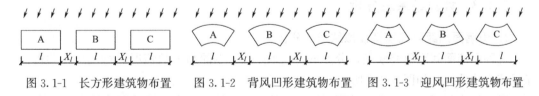

图 3.1-1　长方形建筑物布置　　图 3.1-2　背风凹形建筑物布置　　图 3.1-3　迎风凹形建筑物布置

2. 前后建筑间距研究模型

在前后间距研究时也采用了三种不同情况进行模拟，模型如图 3.1-4～图 3.1-6 所示。A、B、C 表示建筑物，h 表示建筑物高度，Y_h 表示建筑物前后间距。通过改变 Y_h 的值，观察下风向两建筑物压差的变化情况，从而确定小区布置时建筑物前后间距要求。压差是指建筑物不同高度的前后压差绝对值的平均值与空气来流动压的比值。采用建筑压差绝对值主要是考虑到不同高度压差可能出现不同方向的数值，使得压差无法准确地反映建筑前后的压差情况。定义压差后评价指标不再受到室外风速的影响，当需要求出建筑前后压差时，只要将压差和来流动压做一乘积即可求得。

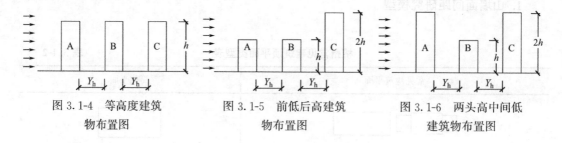

图 3.1-4　等高度建筑　　　　图 3.1-5　前低后高建筑　　　　图 3.1-6　两头高中间低
　　　物布置图　　　　　　　　　　物布置图　　　　　　　　　建筑物布置图

3. 计算设定

关于数学物理模型的基本假设：小区室外的气流为不可压缩常物性牛顿流体，考虑质量力的影响，流动为单相湍流运动。

据以上假设，采用标准 k-ε 稳态紊流模型，选取混合差分格式进行差分求解。虽然在计算流体外物体时，其精度没有大涡模拟那么精确，但是标准 k-ε 紊流模型也能准确描述室外风环境。室外风环境虽是瞬息万变的，但是稳态模型已经能说明本节所需要阐述的问题，所以采用稳态模型进行计算。计算时松弛因子采用软件自带的自动选取功能。

4. 边界条件的确定

本模拟主要针对杭州市通风季节的通风情况，室外风速取杭州通风季节平均风速，即 1.22m/s。迎面风与模型夹角 22.5°。由于选择的模型为城区建筑，模拟时采用的迎面风速由式（3.1-1）获得。

$$V = V_0 K_0 \qquad (3.1\text{-}1)$$

式中　K_0——风速修正系数；

V_0——当地气象台公布的风速（m/s）。

因为小区位于市区内，取 $K_0=0.8$。则 $V=0.972$，近似地取 $V=1$m/s 为初始风速进行模拟，建筑物外墙壁均采用无滑移边界条件。

3.1.3　计算结果及分析

1. 山墙面间距研究模型模拟结果与分析

三种山墙面间距研究模型，分 60m 和 21m 两种不同高度的情况进行模拟，共得到 6 条风速变化曲线，如图 3.1-7 所示。

通过初步判断，能发现 6 种不同模型条件下的曲线有一个共性，那就是呈双曲线型变化。以 60m 长方形模型为例，在 $X=0.50$ 时风速为 0.83m/s，$X=1.00$ 时风速减小到 0.73m/s。当 $X=1.75$ 时，风速达到最小值 0.66m/s。当随着 X 增大到 2.00 和 2.25m/s，风速增大为 0.67m/s 和 0.69m/s。同样的情况出现在其他模型中，风速先随着的 X 增加而减小，到 $X=1.75$ 时达到最低，然后随着 X 的增加，风速回升。总的来说，$1.50<X<2.00$ 这个区间是比较不利的情况，因为 X 在这个区间时，6 种不同模型的风速均在初始风速的 60% 以下，对后排房子的自然通风不利。

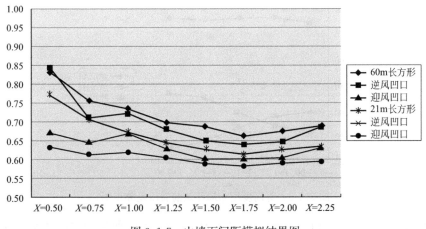

图 3.1-7　山墙面间距模拟结果图

模拟中没有考虑 $X<0.50$ 的情况，因为根据《城市居住区规划设计标准》GB 50180—2018 规定，多层住宅山墙面间距必须大于 6m，高层住宅山墙面必须大于 13m。以常见的一梯两户、点式住宅为例，$X=0.50$ 时的山墙面间距已是满足消防规定的最低要求。另外，模拟也没有考虑 $X>2.25$ 的情况，因为总平面中场地限制，在实际中很少出现 $X=2.50$ 或更大的情况。

综上分析，在小区布置时 X 的范围建议为 $0.50<X<1.50$ 或 $X>2.00$。

同时从图中注意到，长方形模型曲线是 60m 建筑高度曲线群中的最高的一条，而迎风凹口形模型曲线垫底；在 21m 建筑高度曲线群中最高的是逆风凹口形模型曲线，迎风凹口形模型曲线仍然垫底。因此，设计者最应该避免的是采用迎风凹口形的建筑平面形式。在设计高层住宅小区时应尽量采用规整的建筑平面形式。虽然完全的长方形的建筑平面形式会导致内部空间设计得不合理，但建筑师应从减小建筑物的体形系数的目的出发，提高小区的风环境质量；在设计多层住宅小区时则建议采用逆风凹口形的建筑平面形式。

还应指出的是，同样建筑形式、不同的建筑朝向对自然通风影响也是非常大的，应尽量使建筑朝有利于通风的方向。不过在真正布置小区时还要同时考虑阳光等因素，综合考虑小区的布置。

2. 前后间距研究模型模拟结果与分析

首先是等高度建筑布置模拟结果与分析，如图 3.1-8 所示。前后间距类型考虑多层、高层住宅前后混合布置的情况，因此模型高度 h 设定为 21m。从图 3.1-8 中我们发现随着 Y 值的逐渐增加，A 建筑物前后压差变化并不是很明显。但是 B、C 建筑物就截然不同了。B 建筑物前后压差随着 Y 值增加而增加，而 C 建筑物前后压差随着 Y 值增加而减少。在小区布置的时候我们当然是要同时考虑两个建筑物的通风情况，即在设计时采用 B、C 曲线的交会点。当 $Y \approx 1.38$ 时，B、C 建筑物的压差为 0.82，这是最佳距离点。从模拟结果可知当 $Y=2.00$ 时，C 建筑物前后压差非常小，对自然通风十分不利，不建议在小区布置时 $Y>2.00$。

模拟中没有考虑 $Y<1$ 的情况，因为根据《城市居住区规划设计标准》GB 50180—

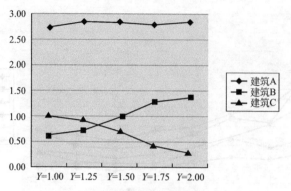

图 3.1-8　等高度型布局建筑前后压差分布图

2018 规定，Y 必须大于 1.14。另外，也没有对 $Y > 2.00$ 的建筑前后间距进行模拟分析，主要还是考虑总平面用地的限制。据试验资料表明，当风垂直吹向前面的建筑物时，如果要在后面的建筑物迎风面的窗口正压进风，那么，两幢建筑物的间距一般要求在 $4h \sim 5h$ 以上；如果要恢复到原来的自然气流状态，则需要更大的间距，大概在 $6h$。如此之大的间距在小区布置的时候几乎是不能实现的，所以没有进行研究。

随着间距的逐渐增大，建筑物 C 前后的压差会有一定的波动，先增大，后减少再增大，最后几乎不变。这一波动只对前面定义的建筑压差而言，并不是建筑任意高度前后压差都是这样变化的。起初间距很小，后面建筑的压差主要受到 A 建筑风影的影响，在 B 建筑和 C 建筑后的前后压差都很小。随着建筑间距的增加，A 建筑产生旋涡逐渐下移，移入建筑之间的漩涡使得 C 建筑上风侧的压强迅速减少，这样压差迅速增大。等到完全移入到建筑之间后，由于建筑间距增大使得旋涡慢慢变大，这样 C 建筑上风侧的压强变大。虽然下风侧的压强也在慢慢增大，其速度却远远慢于上风侧压强的变化，建筑压差逐渐减少，并达到最小值点。

其次是前低后高建筑物布置模拟结果与分析。此模型所得到的数据和前面的数据非常相似，B 建筑物压差都随着 Y 逐渐增大，而 C 建筑物压差逐渐减少，只是交点的位置有所改变。这种布置的最理想点在 $Y \approx 1.20$，此时的压差为 0.37。相对于等高度的建筑布置，这种布置要差很多。主要是由于最后的高层阻挡了回流风进而使得自然通风不是很有利。

最后是两头高中间低建筑物布置模拟结果与分析。从表 3.1-3 中可以看到，对于这种布置的小区，中间的低层建筑自然通风非常不利，前后压差还不到等高度建筑小区中居中建筑前后压差的 1/3，因此在小区布置时不建议采用这种布置方法。

中间低两端高布局的压差分布表　　　　　　　　　　　　　　　表 3.1-3

X	1.50	2.00
A 建筑物前后压差	4.28	4.46
B 建筑物前后压差	0.14	0.12
C 建筑物前后压差	1.15	1.49

3.1.4　对单体间距的建议

选择适当的通风间距能在过渡季节保证住宅小区风环境的品质。根据本研究结果，对杭州地区的小区规划提出以下建议以改善住宅室外环境：

对于山墙面间距，建议建筑间距的取值范围为 $0.50 < X < 1.50$ 或 $X > 2.00$。

建筑师应该严格按照节能标准中所要求的体形系数来设计建筑物，特别是在高层住宅设计中，平面应尽量规整，减少建筑物的体形系数；在多层住宅设计中，在满足节能标准情况下可采用背风凹型平面。设计者最应该避免的是采用类似迎风凹口型的建筑平面形式。

在等高度的建筑小区中，前后建筑间距的最佳间距点为 1.38 倍的建筑高度；同样建议建筑间距不小于日照间距 1.14 的要求，同时不建议大于 2 倍的建筑高度。

上风向为低层建筑而下风向为高层建筑的小区，前后建筑最佳间距点为 1.2 倍的建筑高度；同样建议建筑间距不小于建筑高度，不大于 2 倍的建筑高度。

不建议采用中间低四周高的小区布置方案。

小区设计时建议住宅正面朝向为南偏西 22.5°，这不仅有利于通风还有利于采光，从而提高建筑节能率。

3.2　群体建筑的适宜布局

高层乃至超高层建筑作为解决城市化问题的手段之一，在全国各地大量出现。目前，中国规划管理部门对高层建筑群布局的约束仅停留在日照间距和消防间距控制上，未考虑各种体形复杂、布局自由的高层建筑群所带来的城市风环境问题。随着此类风环境问题的日益突出，例如相邻高层建筑群产生的强气流在冬季使行人感到不适，在多风季节引发危险；不合理的建筑布局或建筑体形造成室外静风区，在春秋季节不利于污染物、废气扩散，夏季不利于散热。因此，有必要从室外风环境视角出发探讨高层建筑群的平面布局问题。

Oke 等人在城市形态和城市热环境的相关性方面做了大量的研究，指出了居住区模式对室外气温的影响关系；Hartranft 等人指出土地利用模式极大地影响着城市微气候的变化情况；Voogt 和 Oke 在 2003 年进一步指出室外景观对城市气候的影响机制；同年，Atkinson 讨论了 20km^2 大小的城市区域的热岛效应计算模型。总的来说，他们的研究都是从较大的城市尺度出发，未考虑小尺度下建筑群布局形态对热环境的影响问题。

Coceal 等人的研究关注了小尺度下建筑群布局形态问题，他们以 4 个交错但匀质分布的建筑立方体为计算模型（建筑密度 $\lambda = 0.25$），研究其周边的气流和涡流分布情况；在 2008 年的研究中，他们将建筑立方体的布局形式拓展到对齐和正交两种匀质布局形态，将三种布局对气流的影响进行了对比。Kono 等人于 2010 年继续研究匀质布局形态，不断变化建筑密度 λ，选取 $0.05 \sim 0.33$ 共 6 种不同建筑密度的布局作为研究模型。Claus 和 Coceal 等人在 2012 年的研究中继续关注匀质布局建筑模型的气流情况，通过不断改变初始来风的风向，观察气流场的变化情况。周莉等人利用 Fluent 软件对 3 幢一字排列的高层建筑群进行计算机模拟，考虑了不同建筑间距的影响。

总体来讲，目前对于小尺度下的城市布局形态与空气流体及热环境的研究侧重于对匀质或简单布局情况的建筑风环境的分析和评价，尚没有就一系列非匀质布局变化对风环境的影响进行较系统的分析和评判。而城市形态的布局受到多方面的影响必然呈现非匀质状态，因此，相关研究的成果无法满足城市建设项目的复杂性和多样性需求。本节通过分析和比较 6 种不同典型布局形式的建筑群在人行高度处的风速比和风向分布图，得到风环境优劣状况与平面布局之间的关系。

3.2.1 设计模型设定

建筑模型中的建筑群由 6 幢等高的建筑组成，分别标记为 A、A′、B、B′、C 和 C′。建筑群整体布局呈中轴对称。根据布局形态特点，分别命名为 H、Y、V、U、X、O 形（表 3.2-1、图 3.2-1）。《建筑设计防火规范》GB 50016—2014（2018 年版）要求高层住宅超过 18 层，即建筑高度 50m 时需要上调防火等级及疏散设备配比，因此实际项目中大部分的普通高层住宅大多为 18 层，超过 18 层的高层建筑暂不做分析。另外，大量实际工程表明，当考虑高层建筑标准层可利用面积最大时（即垂直交通核面积占比最小），标准层面积应大于 900m²。综上，各高层建筑尺寸为 30m×30m×50m（长×宽×高）。从表 3.2-1、图 3.2-1 中可知，L'_{AA} 代表各建筑群中第一排建筑 A 和 A′ 的横向间距，L'_{BB} 代表中间排建筑 B 和 B′ 的横向间距，L'_{CC} 代表最后一排建筑 C 和 C′ 的横向间距。

6 种布局中 3 排建筑水平间距的比值 　　　　表 3.2-1

布局类型	$L'_{AA} : L'_{BB} : L'_{CC}$
H形	1:1:1
Y形	3:1:1
V形	4:2:1
U形	4:4:1
X形	3:1:3
O形	1:4:1

另外，根据 Ying 等人在《建筑通风空间在居住区布局中的应用》（《Application of building ventilation space in residential area's layout》）一文中的结论，相邻建筑的顺风和横风向基本间距为 1.5 倍建筑宽度时室外风环境较佳。因此，H 形布局中建筑的纵、横向间距均为 $L=45m$（30m×1.5=45m）。其余的布局类型皆在 H 形的基础上演变而来。

在风环境评价标准方面，本节研究的是典型的中国东部季风气候区的建筑风环境。真实环境中的风速、风向处于不稳定状态，而这个区域内的各地不考虑地形影响的情况下，冬夏两季主导风向明显，且主导风向的风频明显高于其他风向。为简化计算模型的需要，在分析中设定两个相反的风向作为冬、夏两季的主要风向。

前面已经提到关于风环境评价标准，在实际室外环境中，通过比较风速绝对值来比较不同建筑群布局是比较困难的，因为每个布局的初始来风的风速就已经不同。因此，本节中评价风环境标准为风速比介于 0.5～2.0。

3.2.2 计算结果及分析

在模拟中的风速测点分 3 类（图 3.2-2，以 Y 形为例）。第 1 类为风速较大的建筑 A、

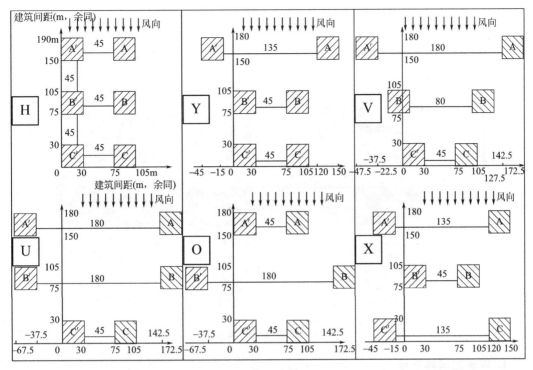

图 3.2-1　6 种典型建筑群布局类型

B、C 的迎风面端点。其中 Moa 表示建筑 A 外侧端点，Mia 表示建筑 A 内侧端点，其他类似的有 Mob、Mib、Moc、Mic。第 2 类为整体布局的中轴上的点，由于巷道风的形成，风速也较大，如进风口位置的 Na，中轴中点的 Nb 和出风口位置的 Nc。第 3 类测点位于建筑的风影区，风速很小，如 Ra、Rb、Rc。这 3 类测点的风速与初始风速的比值即风速比，基本可以说明建筑布局对室外风环境的影响情况（图 3.2-3）。

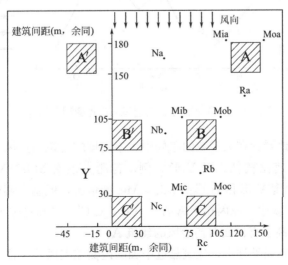

图 3.2-2　测点分布

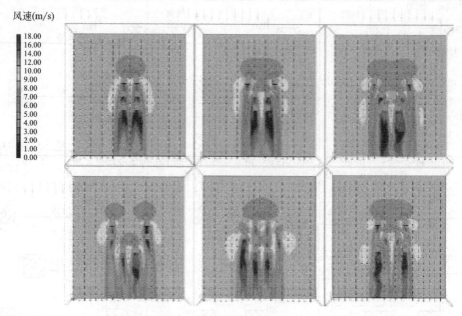

图 3.2-3　6 种布局的风速分布

1. 建筑迎风面端点

图 3.2-4 给出在各布局形式下室外人行高度（1.5m）处的风速比等值线图。

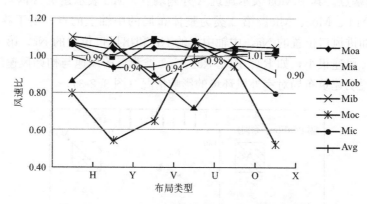

图 3.2-4　6 个布局中建筑迎风面端点旁测点风速比

从图中可以直观地看到在大多数的布局中，中间排的建筑端点风速比越高，其次为前排，后排建筑端点风速比较低。以 Y 形为例，各测点依次 Mib＞Mob＞Moa＞Mob＞Mic＞Moc。虽然也出现 V 形和 U 形中 Mic＞Mia 的情况，但基本遵循 Mob＞Moa＞Moc 和 Mib＞Mia＞Mic 的规律。原因在于 A-A′，B-B′，C-C′，中轴对称布局产生巷道风效应，使第二排的建筑 B 会高于直接面对初始风的建筑 A。

另外，在大多数布局类型中，建筑靠近中轴的内侧端点风速往往大于同建筑的外侧端点风速，即 Mi_＞Mo_。但是，H 形和 Y 形的建筑 A、V 形的 B 建筑出现相反的情况，Moa＞Mia 或是 Mob＞Mib。

各类型布局中，Y 形各测点数值相差最大，风速比变化范围为 0.54～1.07。说明气流经过 A、B、C 这 3 排建筑时，风速受布局影响很明显。与之相对的，O 形的各测点数值相差最小，风速比变化范围为 0.94～1.05，说明其 3 排建筑迎风面风速变化相对较缓，受布局影响较小。

从图中的平均值曲线 Avg 可以看到，O 形各测点的平均值是所有类型中最高的 1.01；H 形、U 形次之，分别为 0.99 和 0.98。X 形的平均值最低，风速比仅为 0.9。X 形的室外气流较弱，这种布局对室外通风不利。

2. 中轴上的测点

图 3.2-5 给出了 6 种平面布局类型的中轴测点风速比曲线图。

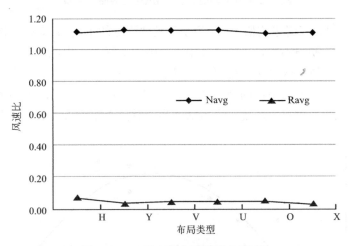

图 3.2-5　6 种布局中轴线测点风速比

Na、Nb、Nc 的值都位于纵坐标值 1.0 线的上方，说明巷道风效应在 6 种布局类型中都出现了。尤其是 O 形布局，在布局的出风口位置上，Nc 的风速仍然达到初始风速的 1.08 倍。

一个有趣的现象是，在 H 形中，Nc 风速比为 1.11；当布局形成迎面凹形的 Y 形布局时，Na 迅速上升为 1.13；当凹口拉大成 V 形，Na 降为 1.12；凹口继续拉大到 U 形，Na 降低至 1.1。在这个过程中，Nb 的变化情况与 Nc 正好相反。可以得出结论：迎面凹形布局将提高布局出风口风速，在拉大凹形的情况下可降低风速。

对凹口形态进行量化，将其与布局中的平均风速联系起来。通过计算散点分布情况，然后进行曲线拟合，可以得到凹口系数 X（$X = L'_{AA} : L'_{BB} + L'_{CC} : L'_{BB}$）与平均风速比 Y 之间的曲线（图 3.2-6）。

曲线公式见式（3.2-1）。

$$Y = -0.0034X^2 + 0.0238X + 1.0774 \tag{3.2-1}$$

曲线表明，Y 值先随着 X 值增大而增大。当 $X = 3.6$ 时，Y 值达到最大值 1.12。随后，当 X 值继续增大，Y 值迅速降低。

3. 建筑风影区测点

由于建筑的遮挡，位于风影区的测点风速相当低。在各布局类型中，Ra、Rb 和 Rc

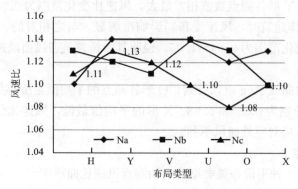

图 3.2-6　凹口系数与平均风速比的曲线关系

的风速比都小于 0.1，三者平均值 Ravg 远小于其他测点的平均值 Navg（图 3.2-7）。过低的风速对室外空气流动很不利，人活动其中也会感觉不舒适。因此，在实际规划中，建议在这些建筑正后方的风影区区域安排绿化，以最优地利用室外土地。X 形布局的风影区面积占比大，且测点风速比为最低的 0.028。3.1 节中提到 X 形布局的平均风速也为 6 种类型里的最低，因此当考虑室外环境以人行活动为主时，不建议采用 X 形布局。

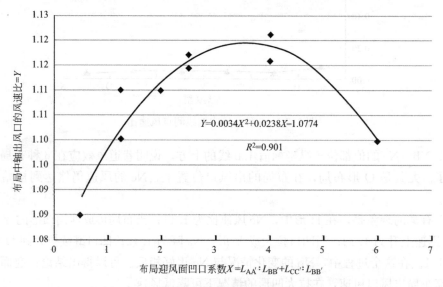

图 3.2-7　6 种平面布局建筑风影区测点风速比

4. 风向发生改变下的 Y 形、V 形和 U 形的测点

当初始风向发生逆转时，在 6 种布局类型中，Y 形、V 形和 U 形布局类型的风速分布情况将发生改变（图 3.2-8）。比较并分析这 3 种布局类型的测点风速的意义在于：当需要配合总图不得不采用这 3 种布局类型时，如何优化室外景观结构，从而达到提升室外物理环境品质的目的。

3 张图中，黑线代表北向风的测点情况，灰线代表南向风的情况。当假设某地区的夏季主导风向为南风，冬季为北风，不利测点的特征即为其黑线坐标明显高于灰线坐标，这包括 Y 形中的 Mob、Mib、Na，V 形的 Mib 和 U 形的 Moa、Mia、Na。这些测点应尽量

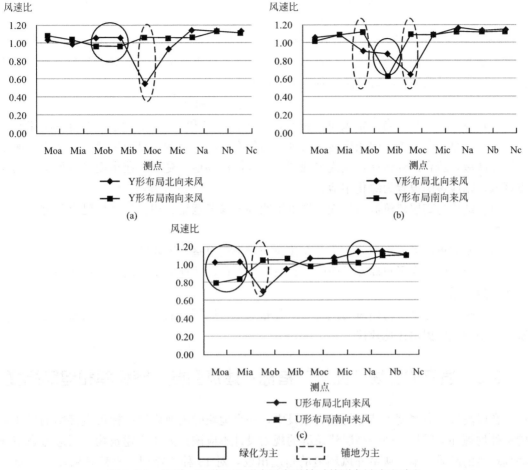

图 3.2-8　Y 形、V 形和 U 形在风向逆转时的测点风速比对比
（a）Y 形在风向逆转时的测点风速；（b）V 形在风向逆转时的测点风速；（c）U 形在风向逆转时的测点风速

不要设置为人活动的场地，而应该多布置能遮挡冬季室外风的、高低结合的立体绿化。反之，在那些有利测点，即其灰线坐标明显高于黑线坐标的测点区域，应少做遮挡夏季室外风的立体绿化，而应更多设置铺装场地以利于人们在室外活动。

3.2.3　群体高层的适宜布局

在本节中，通过改变 3 排两相邻建筑的水平间距得到 6 种不同的建筑群布局类型。通过对比在行人高度（1.5m）处的风速比和相应的风向分布，得到风环境优劣状况与非匀质分布的建筑群平面布局之间的关系。具体结论如下：

（1）相对其他布局类型而言，Y 形布局中建筑迎风面端点附近的测点风速下降速度最快，但其布局出口位置处的风速仍为 6 个布局中最大的。这充分表明，Y 形布局的风巷道效应是最明显的。

（2）X 形布局的室外所有测点的平均风速比是所有布局最低的，通风最弱。因此，X 形布局不建议在高层建筑群布局规划中采用。

（3）O 形布局中，所有建筑的迎风面端点附近测量点的风速，变化最为缓慢。此外，改布局中的最小风速比出现在布局的出口处位置。两者表明，O形布局对室外风环境影响最小，因此建议规划人员在规划中多考虑该布局类型。

（4）与H形和O形相比，Y形的迎风凹口可提高布局出口位置的风速。但如果凹口继续被加宽，即变成V形乃至U形，出口位置风速反而减小。如果定义布局出风口风速比为 y，凹形系数为 x，两者存在多项式函数关系：

$$y = -0.0034x^2 + 0.0238x + 1.0774 \qquad (3.2\text{-}2)$$

（5）研究还发现，当初始风向逆转时，Y形、U形和V形布局的一些测点风速变化很大，这对夏、冬两季风向相反地区的规划是很有实际意义的：夏季风速大、冬季风速小的测点区域，适合户外活动，应优先规划为室外活动场地；夏季风速小而冬季风速大的测点区域，则应考虑设置为绿化用地。

以上结论为高层建筑群布局规划提供了明确的参考意见。相较于其他已有研究，本节的独特性在于：

（1）研究揭示了一系列非匀质分布建筑布局类型对室外风环境的作用机制。

（2）分析中引入了布局迎风面凹口系数这一指标，并提出布局出口风速比与其的一元二次函数关系。

（3）模拟中考虑了初始风向逆转时对各布局室外风环境的改变，在建筑布局之外、对室外景观的配置提出优化建议。

3.3 适宜的区块"强排"指标：建筑密度、容积率和建筑高度

在以高层、高密度为特点的城市建设中，一个地块的用地规划指标可直接影响居住区的室外物理环境质量。一个高层建筑群的规划设计不应该只关注于建筑物，还应考虑室外物理环境的品质。本节从室外风环境的角度出发，对13种"容积率＋建筑密度＋建筑层数"指标组合形成的高层建筑群布局进行对比，得到可直接服务于城市建设项目的规划策略。

3.3.1 住宅的"强排"

建筑密度和容积率是区块规划中的两个主要控制指标。规划和管理部门通过制定这两个指标来控制开发强度和空间使用舒适度。两个指标的相互制约有助于避免因建造过少的房屋而浪费土地，或由于建筑物密度过高而降低舒适度。设计师在拿到设计任务的时候，这两个指标是被确定了的，以住宅项目为例，首先通过将总建筑面积除以建筑密度来计算平均住宅建筑楼层。建筑物的高度是普通住宅建筑物的楼层数乘以典型楼层的高度。然后，设计师根据建筑物的高度确定场地中允许的最大建筑物数。根据这些指标，通过日照间距分析和防火间距的双控要求，不断试错，寻求合理的建筑群体布局。

城市中的高层住宅开发项目的容积率通常被设定在2.0～4.0。其原因是：容积率小于2.0时，多层建筑在场地中将会占据主导；容积率大于4.0时，建筑高度将超过100m（30层左右），这将导致施工成本大幅上升。中国的建筑法规对不同层数的建筑有不同的防火间距与最小日照间距要求。因此，11层、18层、25层、30层的建筑是被设计师与规划师们普遍接受的。

3.3.2　几种可能的"强排"方案

在设计师拿到地块之后，往往先进行"强排"方案的设计。一个典型的"强排"方案会沿着用地红线摆放住宅，在用地中间尽可能地布置集中绿地；住宅单体不考虑平面的凹进凸出等细节，比较均匀地分布摆放，以促进高效的土地利用。因此，在这个部分的研究中，所有可能的规划布局都按照上述规律设计。

根据杭州市规划局的统计数据，并考虑模拟结果的有效性，该研究假设模型中的总场地面积约为 10 万 m^2（350m×290m）。该研究没有考虑不构成规划指标的内部街道，内部街道不会影响容积率和建筑密度。规划模型中的建筑物均为点型高层建筑物，每座建筑物的标准层面积约为 1000m^2（31.6m×31.6m）。根据地方规划法规，相邻建筑物之间的距离必须符合防火要求，并且相隔的距离不得小于 13m。表 3.3-1 列出了可能的布局。

容积率	规划方案			
	11 层	18 层	25 层	30 层
2.0	2.0-11F	2.0-18F	2.0-25F	2.0-30F
2.5	—	2.5-18F	2.5-25F	2.5-30F
3.0	—	3.0-18F	3.0-25F	3.0-30F
3.5	—	—	3.5-25F	3.5-30F
4.0	—	—	—	4.0-30F

13 种可能的组合　　　　　　　　　　　　　　　　　　表 3.3-1

3.3.3　不同容积率下几种"强排"的表现

由于建筑布局密度较高，11 层楼的布局形式几乎不能够满足日照间距要求，模拟结果表明 2.0-11F 的布局，舒适区面积仅占大约 42.89%，这是在整个组合中最低的。众所周知，密集的建筑会在地面上方导致风速过低。因此，如果从建筑室外风环境的角度考虑，从层数而言，11 层并不是一个合适的选项。

建筑布局规划阶段，当层数达到 18 层时，较低的容积率通常是能够带来更高的舒适区比例：

（1）当容积率为 2.0，2.0-18F 的舒适区比例为 65.79%。

（2）当容积率为 2.5，2.5-18F 的舒适区比例下降至 60.65%。

（3）当容积率提高至 3.0，3.0-18F 的舒适区比例显著降低至 50.49%

对于一个住宅区，假如只有一半的室外区域是舒适区，这是不可接受的。因此，在一个总体规划阶段，如果容积率确定在 3.0，建筑师在设计中应当避免使用 18 层楼的建筑单体（图 3.3-1）。

当建筑层数达到 30 层，舒适区域面积从高到低排列为：3.0-30F＞3.5-30F＞2.0-30F＞2.5-30F＞4.0-30F。通常而言，更低的容积率与较少的建筑数量意味着室外会有更多的风环境舒适区（图 3.3-2），然而模拟结果反映出不同的结论。当建筑层数超过 25 层，在容积率变化方面没有明显的差异（表 3.3-2）。

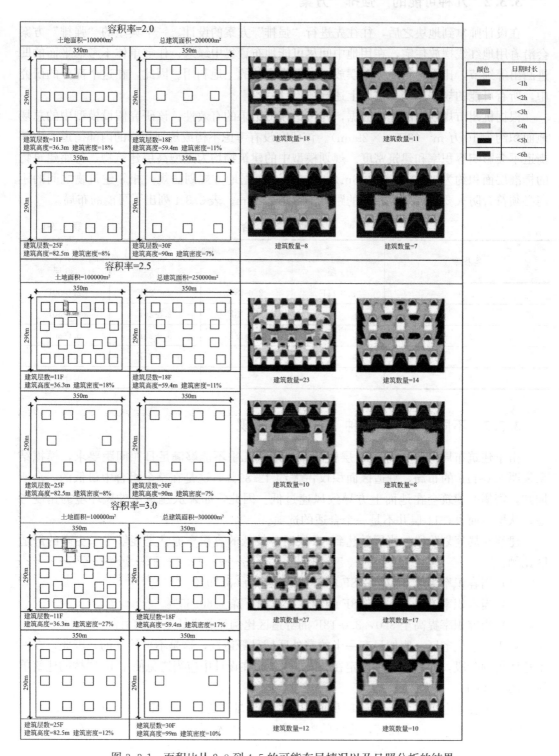

图 3.3-1　面积比从 2.0 到 4.5 的可能布局情况以及日照分析的结果

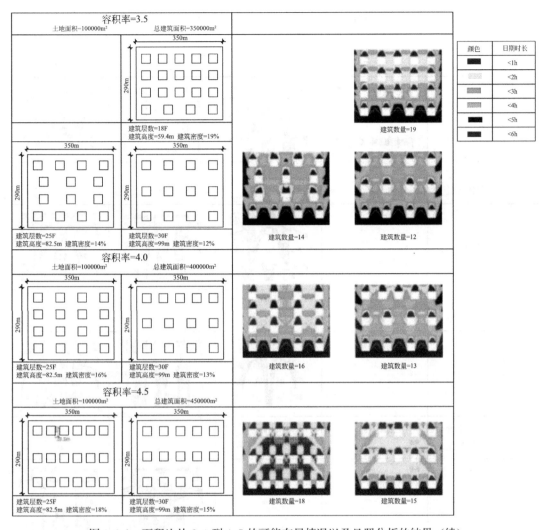

图 3.3-1　面积比从 2.0 到 4.5 的可能布局情况以及日照分析的结果（续）

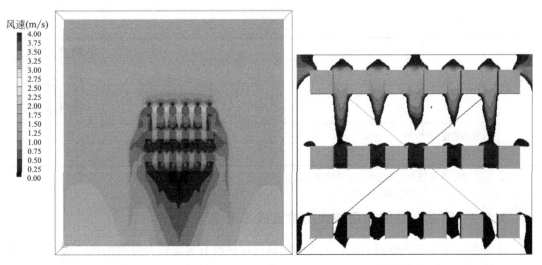

图 3.3-2　风速比在 0.5～2.0 的舒适区（布局 2.0-11F）

13 种布局中的风环境舒适区大小和分布   表 3.3-2

容积率		布局			
		11 层	18 层	25 层	30 层
2.0	舒适区				
	建筑密度 单体数量	43% 18	66% 11	67% 8	67% 7
2.5	舒适区	—			
	建筑密度 单体数量	— —	61% 14	64% 10	66% 8
3.0	舒适区	—			
	建筑密度 单体数量	— —	50% 17	66% 12	68% 10
3.5	舒适区	—	—		
	建筑密度 单体数量	— —	— —	65% 14	68% 12
4.0	舒适区	—	—	—	
	建筑密度 单体数量	— —	— —	— —	62% 13

注："—"表示此布局无法满足防火或日照间距的要求。

3.3.4 因总层数增加而加大的建设成本考虑

从本书 3.3.2 节的分析来看，增加的建筑层数并没有显著提升外部的风环境。加上电梯、管线、城市用水的要求，引入额外的楼层会增加高层建筑的建设成本。根据杭州市高层住宅建筑施工成本的统计，完成一个 11 层或 18 层的建筑项目的施工成本在 2750～2800 元/m²，25 层或 30 层成本为 3450～3500 元/m²。

图 3.3-3、图 3.3-4 表明，建设成本明显被分为两段：一个是 11 层和 18 层，另一部分包括 25 层和 30 层。对比图 3.3-3 与图 3.3-4，可以得出这样的结论：

建筑布局规划中，出于提升室外风环境的目的，只需用 25 层以上的建筑单元代替 11～18 层建筑单元，室外风环境舒适区的面积可提升 2%～5%（容积率分别为 2.0、2.5、3.0）。然而，资本投资将大幅增加至 22%～24%。因此，选择这种布局并不合算。

除此之外，在容积率 4.0 之下唯一布局的选择 4.0-30F 被证明是缺少舒适性的方案，同样也是因为风速舒适区域的比例不足与工程造价的最高成本。

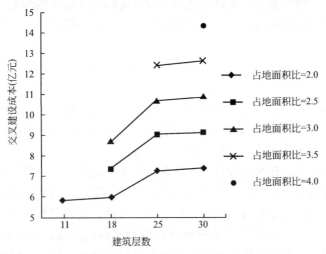

图 3.3-3　每种布局下的总建设成本（11 层，2750 元/m²；18 层，2800 元/m²；25 层，3450 元/m²；30 层，3500 元/m²）

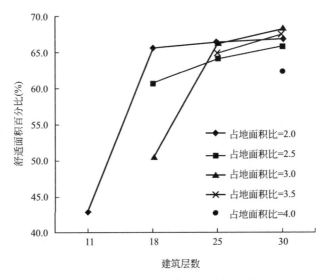

图 3.3-4　每种布局中舒适区域的百分比

总体而言，在容积率 2.0 时，除了 2.0-11F，任何组合都是可行的。当容积率为 2.5 时，优先选择的是 3.0-18F 或 3.0-25F。当容积率为 3.0 时，3.0-18F 是一个比较经济的选择。在资金充足时，3.0-25F 或 3.0-30F 同样是值得考虑的。当容积率为 3.5 时，3.5-25F 与 3.5-30F 之间会有微小的差别。因此，在规划阶段推荐两种方案结合。当容积率为 4.0 时，只有唯一一种类型的布局，即 4.0-30F，建设成本较高，同时提升风环境的效果是有限的。因此，在深化设计时，应当考虑底层架空或者形体偏转来优化建筑室外风环境。

3.3.5 住宅地块"强排"的建议指标

通过模拟与比较室外风环境，同时考虑由于建筑高度增加而引起建筑成本增加的可能性，为希望在生活空间与室外自然环境之间实现平衡的建筑师提供参考。增加建筑楼层将会增加室外风环境舒适区的区域，然而对于 25~30 层的建筑而言面积比的增加是有局限的。当容积率为 2.0，建筑布局是 11 层时，增加建筑单元会造成室外风环境不佳，因此不推荐。当容积率为 2.5，2.5-18F 或 2.5-25F 布局应当优先考虑；当容积率为 3.0，3.0-18F 是一种较为经济的选择，在资金充裕的情况下 3.0-25F 或 3.0-30F 也可以接受；当容积率为 3.5 时，3.5-25F 与 3.5-30F 之间并没有太大的差别，选择哪种布局都是合理的。当容积率为 4.0F 时，只有 4.0-30F 这一个独特的布局选择，设计时应当在细节上通过引入底层架空或者建筑形体偏转等方法来提升室外风环境。

一个有趣的结论是，在规划设计中，通常认为某个地块具有较低的容积率、较低的建筑高度，意味着建筑体量较小，室外物理环境会更好。但是，研究发现建筑层数越多、建筑高度越高，行人高度的室外舒适风区面积越大。不过，建筑层数从 25 层升到 30 层，舒适风区面积增加有限。加之考虑层数越高导致造价越高的因素，当面对容积率 2.0~4.0 要求的高层地块时，不能简单地认为建筑层数最高的方案就是最好的规划方案。

第4章 围合式办公建筑的布局方式

4.1 研究方法与风环境模型的建立

4.1.1 CFD研究方法

本章仍然采用CFD数值模拟分析的方法对影响围合式办公建筑室外风环境的相关因素进行探讨，采用PHOENICS流体力学模拟软件，如图4.1-1所示。前面已经提到，PHOENICS软件是世界最早的计算流体与计算传热学（CFD/NHT）的商用软件，在建筑学领域，一般利用PHOENICS软件进行建筑室外风场、建筑表面风场及城市热岛效应模拟。

4.1.2 模型设定

根据对杭州围合式办公建筑的调研结果，基本形态可以归纳为回字形、L形、Z形、U形等。由于这些基本形态又可以由回字形通过体块的加减或者变形得到，因此，本节建立回字形模型作为标准围合单元。研究表明，围合度与平面通透率（L/C，指围合空间的周长与其开口宽度的比值）和剖面高宽比（H/W）有关，分为围合、半围合、半开敞、开敞4类，本节的研究对象——标准围合单元根据表4.1-1中的分类属于封闭型的围合式。研究地块的大小为200m×200m，根据《杭州市城市规划管理技术规定（试行）》，建设用地面积小于3hm² 的建设项目参照建筑容积率、建筑密度控制指标表（表4.1-2）确定建筑容量指标。《建筑设计防火规范》GB 50016—2014（2018年版）规定建筑高度大于24m的非单层公共建筑属于高层建筑，而本节研究的对象主要是多层（局部高层），办公建筑层高一般为

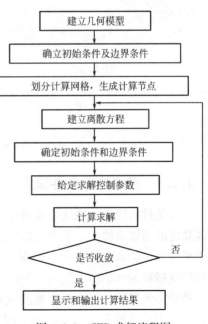

建立几何模型

↓

确立初始条件及边界条件

↓

划分计算网格，生成计算节点

↓

建立离散方程

↓

确定初始条件和边界条件

↓

给定求解控制参数

↓

计算求解

↓

是否收敛 —否→

↓是

显示和输出计算结果

图 4.1-1　CFD求解流程图

4.5m，因此标准围合单元设定建筑层数为 5 层，建筑高度为 22.5m。如图 4.1-2 所示，标准围合单元尺寸为 126m（长）×126m（宽）×22.5m（高），建筑层数为 5 层，建筑进深 25.2m，在后续模拟研究中根据变化相应地对模型进行调整。

平面类型与空间围合度　　　　　　　　表 4.1-1

围合	半围合			半开敞		开敞
封闭型			街谷型	限定型	限定型	开敞型
回字形	U 形	L 形	Ⅱ 形	Ⅰ 形	点形	开敞

容积率与建筑密度控制指标表　　　　　　表 4.1-2

建筑类别		建筑密度	容积率
办公建筑	低、多层	≤40	≤2.2
	高层	≤40	≤5.0

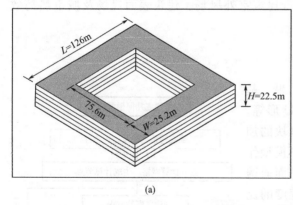
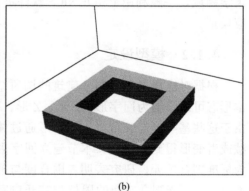

(a)　　　　　　　　　　　　　　　　(b)

图 4.1-2　模型设定
（a）标准围合单元模型；（b）PHOENICS 模型建立

4.1.3　模拟边界条件设定

边界条件的设定与风速分布特征密切相关，风速分布特征与地面粗糙度有关，平均风速随高度的增加而增大，至大气边界层的顶部达到最大，研究中常用幂函数律来描述近地层中平均风速随高度的变化。根据《建筑结构荷载规范》GB 50009—2012 规定本节的地面粗糙度指数 $\alpha=0.22$，$Z_G=400m$。

初始来流风速根据杭州市地理气候特征设置为夏季主导风速为 2.7m/s，风向为南西南，冬季主导风速为 3.8m/s，风向为北西北。出流面的边界采用局部单向化处理，因为该研究假设出流面上的气流已经充分发展，并且已经恢复为没有建筑物阻塞的正常流动。

本节在所有壁表面采用了无滑移壁面边界条件，因为计算范围足够大，侧面和上表面的边界条件对目标建筑物周围的计算结果没有特别大的影响，所以在域的出口和顶部为正常的零梯度边界条件，在域的两个横向边界处采用对称边界条件。

4.1.4　计算域

计算域的设置与风场模拟结果的可信度有关。根据风洞试验的知识，对于计算域的大小，其阻塞率应低于 3%，Baetke 等将阻塞率定义为立方体的额叶面积与计算域的垂直横截面积之比。在 Mochida 和 Shirasawa 等人的建议下，横向和顶部边界应设置为距建筑物 5H 或更高，其中 H 是目标建筑物的高度，流出边界应设置在建筑物后至少 10H 处。在考虑建筑物周围环境的情况下，计算域的高度应设置为与由周围环境的地形类别确定的边界层高度相对应。根据以上建议，对于本研究，在纵向（X）、横向（Y）和垂直（Z）方向上的计算域大小分别为 1126m、1226m 和 400m。

4.1.5　网格划分

网格的疏密程度会直接影响计算结果的准确性，理论上讲，网格越密集，计算结果就越准确。但是，随着网格密度的增加，计算量也会变大，计算周期变长，由计算机的浮点运算引起的舍入误差也会增大。因此，需要通过改变网格密度，观察计算结果的变化以确保合理。Franke 等人建议在建筑物的每一侧至少划分 10 个网格单元，在行人高度处即离地面 1.5～2m 时至少划分 3 个网格单元。本节通过网格独立性验证，采用局部加密的网格，如图 4.1-3 所示，X-Y 轴密网格尺寸为 9.7m，疏网格尺寸为 20m，Z 轴密网格为从下到上逐渐变疏的渐变网格，疏网格为 20m。

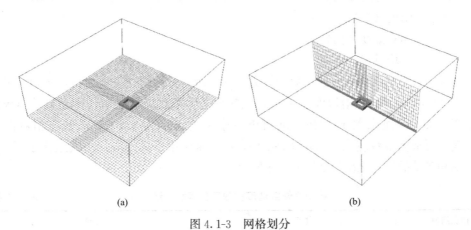

(a)　　　　　　　　　　　　　　　　(b)

图 4.1-3　网格划分

(a) X-Y 轴网格划分；(b) Z 轴网格划分

4.1.6　求解方案和收敛准则

本节使用标准 k-ε 湍流模型求解，相关研究表明，使用均匀速度、湍流能量和能量耗散率场来初始化 RANS 模拟通常需要 10^3 次迭代才能达到期望的收敛水平，即所有方程的常数残差等于 10^{-4} 或更小。PHOENICS 的计算条件见表 4.1-3。

PHOENICS 計算條件 表 4.1-3

計算條件	設置
計算域	1126m×1226m×400m
中心區域網格	X-Y軸9.7m，Z軸由密到疏漸變網格
湍流模型	標準k-ε湍流模型
來流風速	2.7m/s，SSW，夏季；3.8m/s，NNW，冬季；風速為10m高度處
收斂準則	殘差≤10^{-4}
迭代次數	1000

4.1.7 本節的風環境評價標準

在第1章中有關風環境評價標準的研究基礎上，得出結合區域氣候特徵，綜合考慮溫度、濕度和風的影響來確定風環境舒適度的評價標準是目前研究的趨勢。本節主要採用風速比評價標準，Tetsu Kubota 提出當風速比大於2.0時，行人會感覺風過於強烈；而風速比小於0.5時，則風速過低不易於空氣流動。因此，理論上講風速比為0.5～2.0時，風環境會比較舒適，但它未考慮到溫濕度的影響。本節在風速比評價標準的基礎上，引入了氣候舒適指數的概念。氣候舒適指數是國家氣象局規定的描述溫濕度和風速對人體的綜合影響指標之一。其計算公式為：

$$K_{ssd} = 1.8t - 0.55 \times (1.8t - 26) \times \left(1 - \frac{r}{100}\right) - 3.2\sqrt{v} + 32 \qquad (4.1\text{-}1)$$

式中　K_{ssd}——氣候舒適度指數；

t——溫度（℃）；

r——相對濕度（%）；

v——平均風速（m/s）。

根據國家氣象局氣候舒適度指數計算方法和等級劃分原則（表4.1-4），杭州市夏季平均溫度為32.4℃，平均相對濕度為62%，氣候舒適度指數應小於80，因此夏季風風速應大於1.25m/s，風速比大於0.46。杭州市冬季平均溫度為-2.2℃，平均相對濕度為82%，氣候舒適度指數應大於25，因此冬季風風速應小於3.53m/s，風速比小於0.93。得出夏季和冬季的風速比範圍如圖4.1-4所示。

杭州氣候舒適度指數氣象等級描述 表 4.1-4

指數級別	指數範圍	體感
1	$K_{ssd} \leqslant 25$	寒冷，感覺很不舒服，有凍傷危險
2	$25 \leqslant K_{ssd} \leqslant 38$	冷，大部分人感覺不舒服
3	$38 \leqslant K_{ssd} \leqslant 50$	涼，少部分人感覺不舒服
4	$50 \leqslant K_{ssd} \leqslant 55$	涼爽，大部分人感覺舒服
5	$55 \leqslant K_{ssd} \leqslant 70$	舒服，絕大部分人感覺很舒服
6	$70 \leqslant K_{ssd} \leqslant 75$	暖和，大部分人感覺舒服
7	$75 \leqslant K_{ssd} \leqslant 80$	暖和，大部分人感覺舒服

续表

指数级别	指数范围	体感
8	$80 \leqslant K_{ssd} \leqslant 85$	炎热,大部分人感觉很不舒服
9	$K_{ssd} \geqslant 85$	酷热,感觉很不舒服

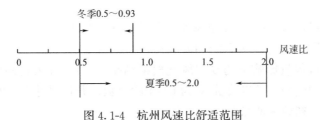

图 4.1-4　杭州风速比舒适范围

4.1.8　测点选取

本节主要研究围合空间内的自然通风状况,通过围合空间中测点风速评价围合空间的风速分布,采用平均风速比评价整体风环境状况。如图 4.1-5 所示,13 个测点在围合空间内均匀分布,O 为中心位置测点,A_X、A_Y 为 X-Y 轴轴线上测点,$C_1 \sim C_4$ 为次中心测点,$C_{O1} \sim C_{O4}$ 为转角处测点。

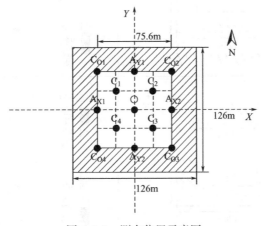

图 4.1-5　测点位置示意图

4.2　围合式办公建筑布局对风环境的影响模拟与分析

在调研杭州围合式办公建筑的过程中发现,影响围合式办公建筑风环境的因素可以分为两大类,一类是围合式办公建筑的平面布局形态,一类是围合式办公建筑的空间布局形态。根据对已有研究的筛选,本节研究的参数变量为开口数量、开口尺寸、开口朝向、架空率、天空开阔度和孔隙率。本节将以标准围合单元为基础,通过控制变量法从围合式办公建筑的平面布局形态和空间形态两个方面进行研究。

4.2.1 围合式办公建筑的平面布局形态对风环境的影响

1. 围合式办公建筑的开口数量

本节在研究开口数量对围合式办公建筑自然通风性能的影响时，采用相同的建筑尺度、开口方式和院落形态等，控制开口朝向均为正交方向（与 Y 轴正方向夹角为 $\frac{\pi}{2}$ 的整数倍），只改变开口数量的多少，对夏季风和冬季风进行分类讨论。

（1）开口数量影响下的夏季风况模拟与分析

表 4.2-1 为开口数量影响下的夏季风况模拟结果——1.5m 人行高度处风速分布图。采用标准围合单元的模型，开口数量 N 为 0～4 的整数，开口尺寸 $S=24m$，风向为夏季盛行风向南西南风，初始风速 2.7m/s。

开口数量影响下的夏季风况模拟结果　　　　　　表 4.2-1

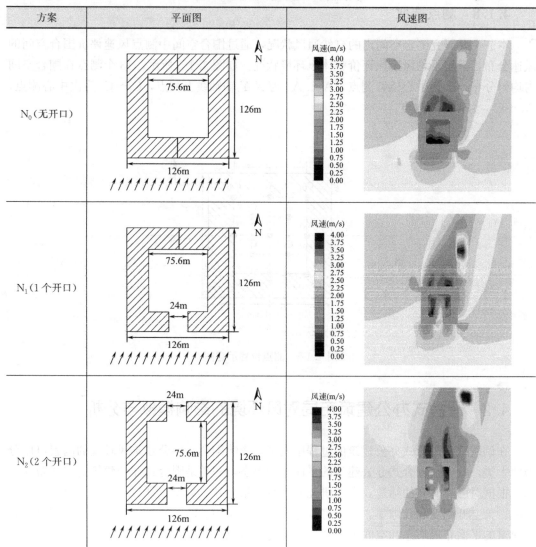

方案	平面图	风速图
N_0（无开口）		
N_1（1 个开口）		
N_2（2 个开口）		

续表

方案	平面图	风速图
N_3（3 个开口）	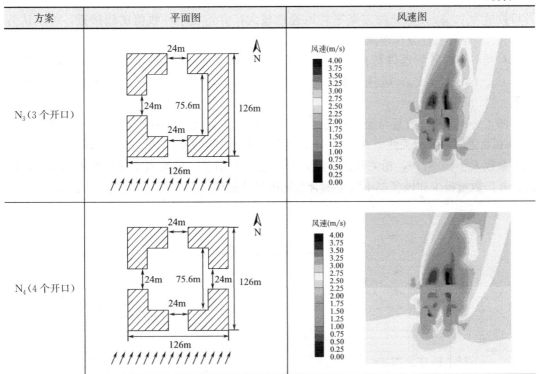	
N_4（4 个开口）		

图 4.2-1 为开口数量影响下的夏季测点风速比折线图。

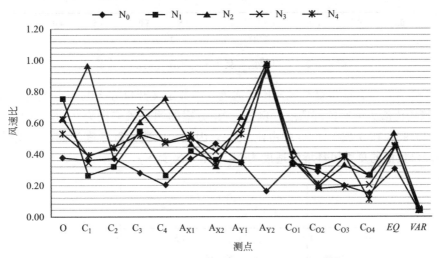

图 4.2-1　开口数量影响下的夏季测点风速比折线图
（*EQ* 为平均风速比，*VAR* 为方差）

　　对各方案进行比较，开口数量为 0 的 N_0 方案的风速比明显处于较低的水平，而且方差最小，围合空间内风速分布均匀，说明 N_0 方案自然通风性能较差，不利于夏季通风；开口数量为 2 的 N_2 方案平均风速比和方差都是最大的，说明气流在 N_2 布局中平均流动速度较大，且不同位置测点间风速比相差较大，较易形成疾风区（测点 C_1、C_4、A_{y2}）和静风区（主要是转角处，测点 C_{O1}、C_{O2}、C_{O3}、C_{O4}），风环境不理想；在 5 种开口方案中，开口数量为 1、3、4 的三种方案平均风速比较大，方差较小，数值比较接近，可以认为 N_1、N_3、N_4 方案在夏季季风影响下，自然通风性能较优。

对同一方案各测点进行比较，迎风侧开口处测点（A_{Y2}）风速高；院落中心的测点（O、C_1、C_2、C_3、C_4）风速较高；建筑转角处测点（C_{O1}、C_{O2}、C_{O3}、C_{O4}）风速普遍较低。

图 4.2-2 为开口数量与夏季平均风速比的函数关系。统计学中规定，相关系数 R^2 在 $0.6 \sim 0.8$ 之间为强相关性，在 $0.8 \sim 1.0$ 之间则为极强相关性。开口数量与平均风速比的相关系数 $R^2 = 0.8716$，相关性强。随着开口数量的增多，平均风速比先增大后减小，因此，开口数量极少和极多都不利于围合空间的自然通风。

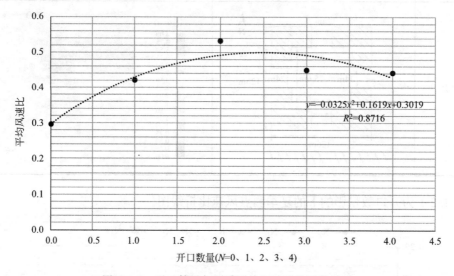

图 4.2-2　开口数量与夏季平均风速比的函数关系

图 4.2-3 为开口数量与夏季风速比舒适度，本节定义开口方案的测点风速比舒适范围与整体范围的比值为风速比舒适度，例如，N_1 方案的测点风速比为 $0.26 \sim 0.95$，舒适范围为 $0.5 \sim 0.95$，在 $0.26 \sim 0.95$ 中占比 65%，因此，风速比舒适度为 65%。综合以上分析，5 种开口数量的夏季风环境舒适度为 $N_1 > N_3 > N_4 > N_2 > N_0$。

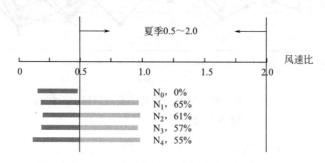

图 4.2-3　开口数量与夏季风速比舒适度

（2）开口数量影响下的冬季风况模拟与分析

表 4.2-2 为开口数量影响下的冬季风况模拟结果——1.5m 人行高度处风速分布图。采用标准围合单元的模型，开口数量 N 为 0~4 的整数，开口尺寸 $S=24$m，冬季盛行风向北西北风，初始风速为 3.8m/s。

开口数量影响下的冬季风况模拟结果 表 4.2-2

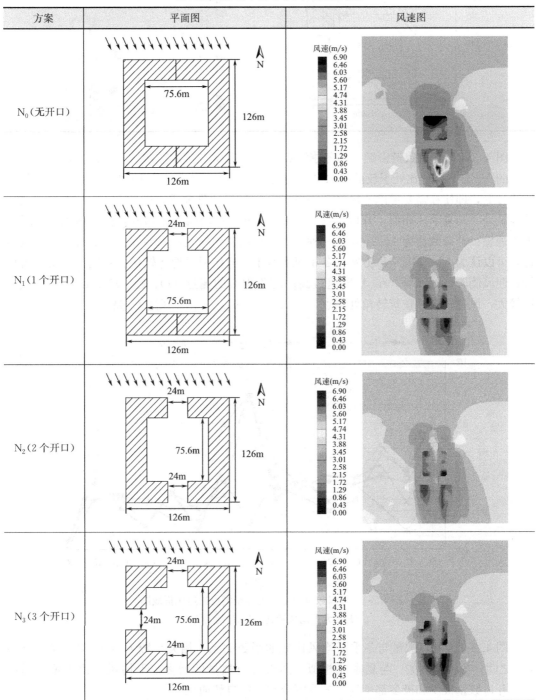

方案	平面图	风速图
N_0（无开口）		
N_1（1 个开口）		
N_2（2 个开口）		
N_3（3 个开口）		

方案	平面图	风速图
N₄（4个开口）		

图 4.2-4 为开口数量影响下的冬季测点风速比折线图。对各方案进行比较，开口数量为 0 的 N₀ 方案风速比处于较低的水平，而且方差最小，围合空间内风速分布均匀，但是风速过低，即使在需要考虑避风的冬季也没有达到舒适度要求，因此 N₀ 的冬季自然通风性能最差。与夏季风相似，开口数量为 2 的 N₂ 方案平均风速比和方差都是最大的，风环境不理想；开口数量为 1、3、4 的三种方案平均风速比较大，方差较小，而且数值比较接近，可以认为 N₁、N₃、N₄ 方案在冬季风影响下，自然通风性能较优。对同一方案进行比较，迎风侧开口处测点（A_{y1}）风速最高；院落中心的测点（O、C₁、C₂、C₃、C₄）风速比较大，风速较高；建筑转角处测点（C_{O1}、C_{O2}、C_{O3}、C_{O4}）风速普遍较低。

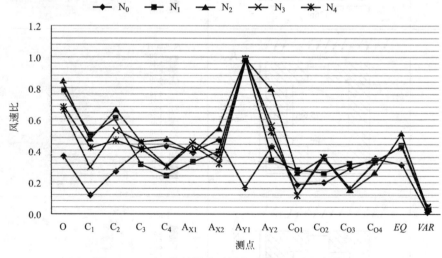

图 4.2-4　开口数量影响下的冬季测点风速比折线图
（EQ 为平均风速比，VAR 为方差）

图 4.2-5 为开口数量与冬季平均风速比的函数关系，相关系数 $R^2 = 0.8163$ 在 0.8～1.0 之间，为极强相关。与夏季风相似，随着开口数量的增多，平均风速比先增大后减小，开口数量极少和极多都不利于冬季围合空间的自然通风。

图 4.2-6 为开口数量与冬季风速比舒适度对照图，从风速比舒适度的角度看，N₁ 舒适

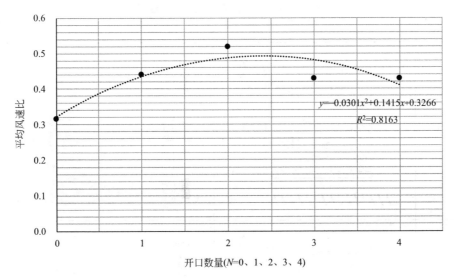

图 4.2-5　开口数量与冬季平均风速比的函数关系

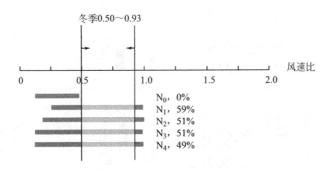

图 4.2-6　开口数量与冬季风速比舒适度对照图

度最高，其次是 N_2、N_3，再次是 N_4，最差的是 N_0。综合以上分析，5 种开口数量的冬季风环境舒适度为 $N_1 > N_3 > N_4 > N_2 > N_0$，与夏季风模拟得到的结论相同。

（3）总结

对于围合式的布局，迎风侧开口处测点风速最高，其次是围合空间的中心测点处，建筑转角处的风速最低。对于开口数量为 0～4 的五种方案中，风环境舒适度为 $N_1 > N_3 > N_4 > N_2 > N_0$。开口数量与围合空间风环境舒适度的关系不是单调递增的，开口数量极少和极多都不利于自然通风。

2. 围合式办公建筑的开口尺寸

本节在研究开口尺寸对围合式办公建筑自然通风性能的影响时，采用相同的建筑尺度、开口数量、开口方式和院落形态等，控制开口朝向均为正交方向，只改变一侧开口尺寸的大小，对夏季风和冬季风进行分类讨论。

（1）开口尺寸影响下的夏季风况模拟与分析

表 4.2-3 为开口尺寸影响下的夏季风况模拟结果——1.5m 人行高度处风速分布图。采用标准围合单元的模型，开口尺寸 S 为 24～64m 的等差数列，公差 $d = 8m$，开口数量为 2，风向为夏季盛行风向南西南风，初始风速 2.70m/s。

开口尺寸影响下的夏季风况模拟结果   表 4.2-3

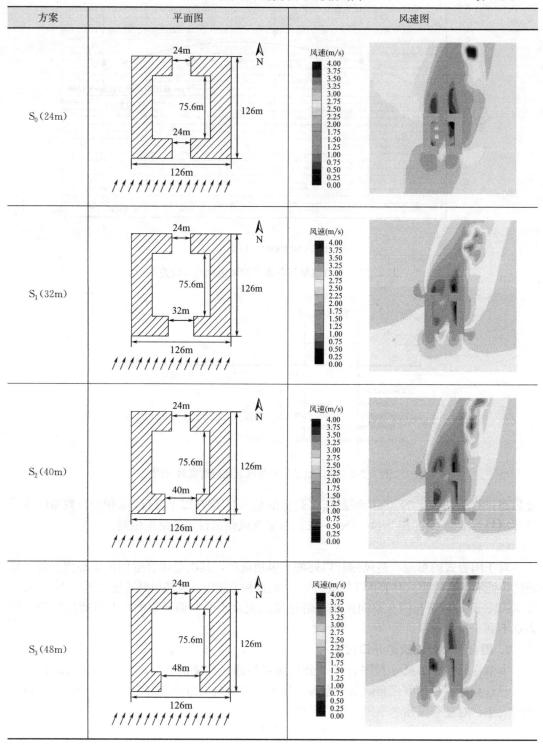

续表

方案	平面图	风速图
S_4 (56m)	24m / 75.6m / 56m / 126m / 126m	风速(m/s) 4.00 3.75 3.50 3.25 3.00 2.75 2.50 2.25 2.00 1.75 1.50 1.25 1.00 0.75 0.50 0.25 0.00
S_5 (64m)	24m / 75.6m / 64m / 126m / 126m	风速(m/s) 4.00 3.75 3.50 3.25 3.00 2.75 2.50 2.25 2.00 1.75 1.50 1.25 1.00 0.75 0.50 0.25 0.00

　　图 4.2-7 为开口尺寸影响下的夏季测点风速比。对各方案进行比较，开口尺寸为 40m 的 S_2 方案的风速比处于较低的水平，平均风速比最小，为 0.45，而方差 0.047 较大，其自然通风性能较差；同理，S_1 方案的平均风速比和方差分别为 0.47 和 0.035，仅大于最小值，风环境也不理想；开口尺寸为 64m 的 S_5 方案平均风速比最大为 0.57，而方差最小

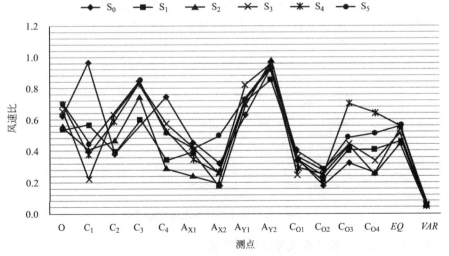

图 4.2-7　开口尺寸影响下的夏季测点风速比

(EQ 为平均风速比，VAR 为方差)

为 0.034，说明气流在 S_5 布局中平均流动速度较大，且风速分布均匀，夏季自然通风性能好；另外，开口尺寸为 56m 的 S_4 方案平均风速比为 0.56，方差为 0.049，自然通风性能也较好。

对同一方案各测点进行比较，迎风侧开口处测点（A_{y2}）风速最高；围合空间处于中心位置的测点（O、C_1、C_2、C_3、C_4）风速比较大，风速较高；建筑转角处测点（C_{O1}、C_{O2}、C_{O3}、C_{O4}）风速随开口尺寸增大而有所增大。图 4.2-8 为迎风侧开口尺寸与夏季平均风速比的函数关系，相关系数 R^2＝0.7484 在 0.6～0.8 之间，有较强的相关性。平均风速比随着开口数量的增多，呈先减小后增大的趋势，因此，开口尺寸在极值以后，尺寸越大越利于夏季围合空间的自然通风。

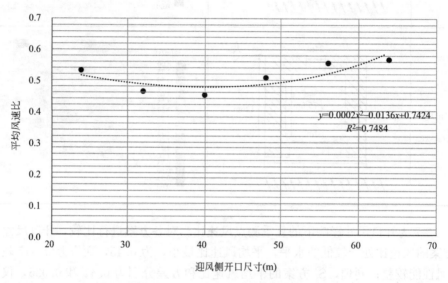

图 4.2-8 迎风侧开口尺寸与夏季平均风速比的函数关系

图 4.2-9 为开口尺寸与夏季风速比舒适度，从风速比舒适度比较，$S_5 > S_4 > S_3 > S_0 > S_2 > S_1$。综合以上分析，6 种开口尺寸的夏季风环境舒适度为 $S_5 > S_4 > S_3 > S_0 > S_1 > S_2$。

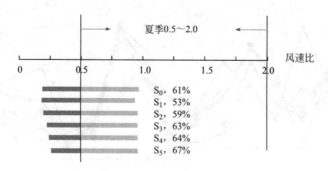

图 4.2-9 开口尺寸与夏季风速比舒适度

（2）开口尺寸影响下的冬季风况模拟与分析

表 4.2-4 为开口尺寸影响下的冬季风况模拟结果——1.5m 人行高度处风速分布图。采用标准围合单元的模型，开口尺寸 S 为 24～64m 的等差数列，公差 d＝8m，开口数量

为 2，风向为冬季盛行风向北西北风，初始风速 3.80m/s。

开口尺寸影响下的冬季风况模拟结果　　　　　　　　　　　　表 4.2-4

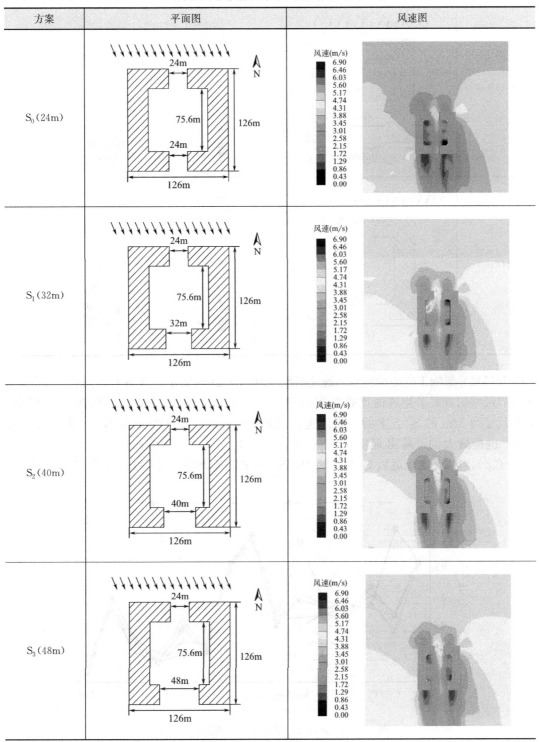

方案	平面图	风速图
S_4（56m）	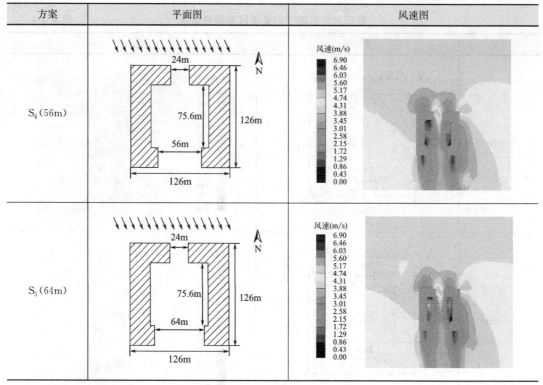	
S_5（64m）		

开口尺寸影响下的冬季测点风速比折线图如图 4.2-10 所示。对各方案间进行比较，6 种开口尺寸的方案平均风速比数值在 0.51～0.60 之间，除 S_1 方案外，均在 0.55 以下。开口尺寸为 32m 的 S_1 方案的平均风速比最大，为 0.60，处于舒适范围内，但是方差为 0.100 也是最大的，易出现疾风区（测点 C_1、A_{X1}、A_{Y1}）和静风区（测点 C_{O1}、C_{O2}、C_{O3}、C_{O4}），风环境舒适度较差；同理，S_4 方案的平均风速比和方差分别为 0.51 和

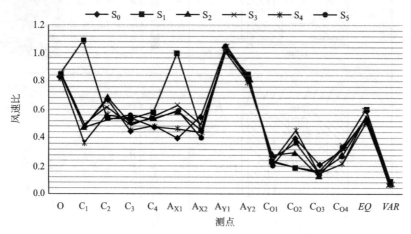

图 4.2-10　开口尺寸影响下的冬季测点风速比
（EQ 为平均风速比，VAR 为方差）

0.062，风环境也不理想；开口尺寸为 48m 的 S_3 方案平均风速比为 0.55，仅次于 S_1，而方差最小为 0.055，说明气流在 S_3 布局中平均流动速度较大，且风速分布均匀，冬季自然通风性能好；另外，开口尺寸为 64m 的 S_5 方案平均风速比为 0.53，方差为 0.058，自然通风性能也较好。测点 O、A_{y1}、A_{y2}、C_{O1} 风速随出流侧开口尺寸变化并没有发生明显波动。

对同一方案各测点比较，整体来看迎风侧开口处测点风速最高；围合空间处于中心位置的测点风速较高；建筑转角处测点 C_{O1}、C_{O2} 风速变化不大，C_{O3}、C_{O4} 风速随开口尺寸变化略有浮动，但仍处于较低水平。

图 4.2-11 为出流侧开口尺寸与冬季平均风速比的函数关系，相关系数 $R^2 = 0.2122$，二者之间几乎无相关性。因此，出流侧开口尺寸对围合空间的自然通风性能影响较小。

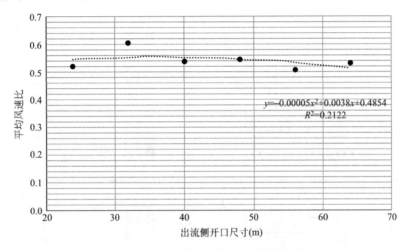

图 4.2-11　出流侧开口尺寸与冬季平均风速

图 4.2-12 为开口尺寸与冬季风速比舒适度，从风速比舒适度比较，数值非常接近，$S_3 = S_5 = S_0 > S_4 = S_2 \approx S_1$。综合以上分析，6 种开口尺寸的冬季风环境舒适度为 $S_3 > S_5 > S_0 > S_2 > S_4 > S_1$。

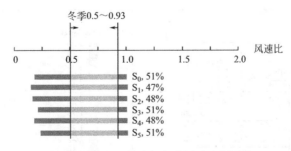

图 4.2-12　开口尺寸与冬季风速比舒适度

（3）总结

从夏季风和冬季风的模拟分析来看，迎风侧开口尺寸的变化对围合空间的自然通风性能影响较大；不同开口尺寸的 6 种方案，风环境舒适度为 $S_5 > S_3 > S_4 > S_0 > S_2 > S_1$；当变量為迎風側開口尺寸（夏季風）時，平均風速比與開口尺寸存在函數關係，開口尺寸超過極值點時，開口尺寸越大平均風速比越大，理論上自然通風性能越好；當變量為出流側開口尺寸（冬季風）時，開口尺寸對平均風速比影響很小。

3. 圍合式辦公建築的開口朝向

（1）開口朝向影響下的夏季風況模擬與分析

表4.2-5為開口朝向影響下的夏季風況模擬結果——1.5m人行高度處風速分布圖。採用標準圍合單元的模型，開口朝向 A 為 $0°\sim150°$ 的等差數列，公差 $d=30°$，開口數量為2，風向為夏季盛行風向南西南風，初始風速 2.7m/s。

開口朝向影響下的夏季風況模擬結果 表4.2-5

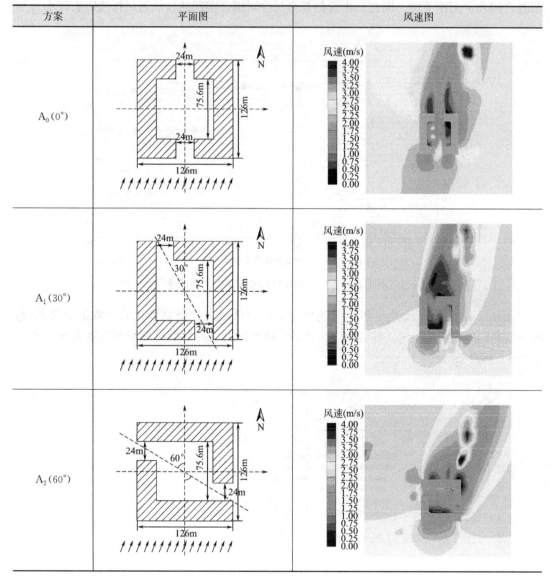

方案	平面圖	風速圖
A_0（0°）		
A_1（30°）		
A_2（60°）		

方案	平面图	风速图
A_3（90°）		
A_4（120°）		
A_5（150°）		

　　图 4.2-13 为开口朝向影响下的夏季测点风速比折线图。对各方案间进行比较，开口朝向角度为 90°的 A_3 方案平均风速比最小，为 0.37，方差也最小，为 0.019，说明 A_3 方案中风流动最弱，整体分布较为均匀，不利于夏季通风；开口朝向角度为 120°的 A_1 方案平均风速比为 0.44，方差为 0.066，平均风向速比小而方差大，存在极大值（C_{O3}）和极小值（A_{Y2}），舒适度较差；开口朝向角度为 150°的 A_5 方案平均风速比为 0.51，方差为 0.043，平均风速较为舒适，且除迎风侧测点风速较大外，整体波动相对较小，风环境较为舒适。对同一方案各测点比较，迎风侧开口处测点风速最高，围合空间内不同区域测点风速比波动较大。

　　图 4.2-14 为开口朝向与夏季平均风速比的函数关系，相关系数 $R^2 = 0.7932$，有较强的相关性。平均风速比随着开口朝向角度的增大，呈先减小后增大的趋势，因此，开口朝

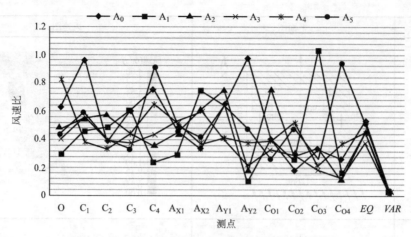

图 4.2-13　开口朝向影响下的夏季测点风速比折线图
（*EQ* 为平均风速比，*VAR* 为方差）

向角度在 0°～90°时，平均风速比随角度增大而减小，理论上角度越大越不利于自然通风；在 90°～180°时，平均风速比随角度增大而增大，理论上角度越大越有利于自然通风。

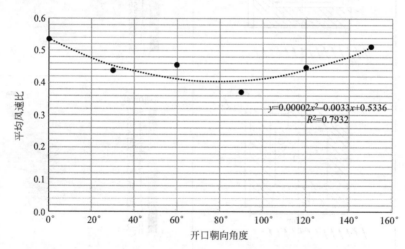

$$y=0.00002x^2-0.0033x+0.5336$$
$$R^2=0.7932$$

图 4.2-14　开口朝向与夏季平均风速比的函数关系

开口朝向与夏季风速比舒适度对比图如图 4.2-15 所示。从风速比舒适度比较，A_5＞

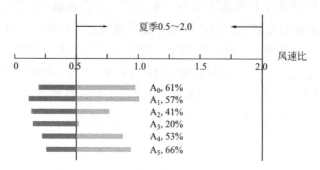

图 4.2-15　开口朝向与夏季风速比舒适度

$A_0>A_1>A_4>A_2>A_3$。综合以上分析，6 种开口朝向的夏季风环境舒适度为 $A_5>A_0>A_4>A_2>A_1>A_3$。

（2）开口朝向影响下的冬季风况模拟与分析

表 4.2-6 为开口朝向影响下的冬季风况模拟结果——1.5m 人行高度处风速分布图。采用标准围合单元的模型，开口朝向 A 为 $0°\sim150°$ 的等差数列，公差 $d=30°$，开口数量为 2，风向为冬季盛行风向北西北风，初始风速 3.80m/s。

开口朝向影响下的冬季风况模拟结果　　　　　　　　　表 4.2-6

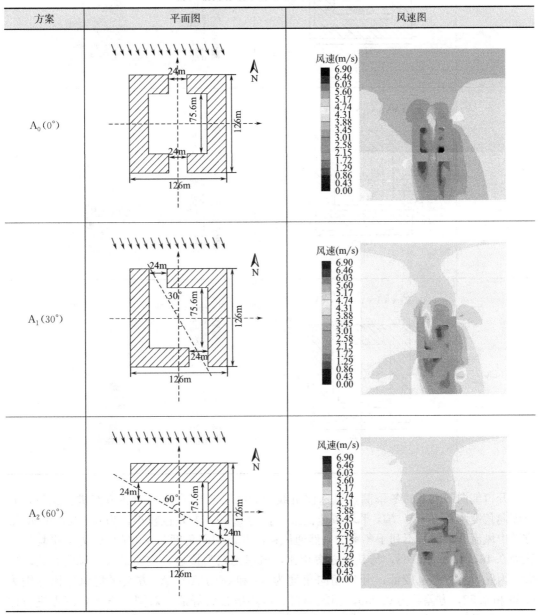

方案	平面图	风速图
A_0（0°）		
A_1（30°）		
A_2（60°）		

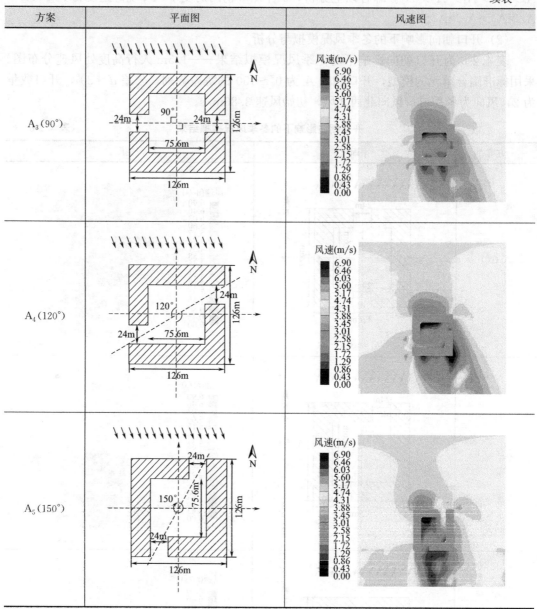

开口朝向影响下的冬季测点风速比折线图如图 4.2-16 所示。对各方案进行比较，开口朝向角度为 90°的 A_3 方案平均风速比最小，为 0.39，方差也较小，为 0.022，说明 A_3 方案中风流动最弱，不利于冬季的自然通风；而开口朝向角度为 150°的 A_5 方案平均风速比为 0.46，方差为 0.68，与其他方案相比，风速比较为接近，方差最大，说明其波动较大，因此，舒适度也较低；开口朝向角度为 30°和 0°的 A_1、A_0 方案平均风速比分别为 0.50 和 0.52，方差约为 0.050，相较而言，风环境较为舒适。对同一方案各测点进行比较，与夏季风模拟结果相似，迎风侧开口处测点风速最高；围合空间内不同区域测点风速比波动较大。

图 4.2-17 为开口朝向与冬季平均风速比的函数关系，相关系数 $R^2 = 0.7751$，二者之

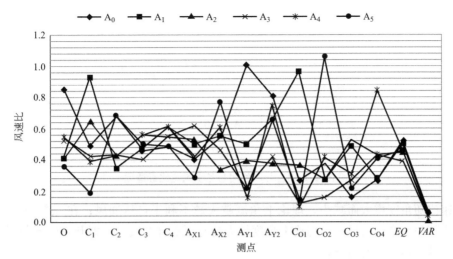

图 4.2-16　开口朝向影响下的冬季测点风速比折线图

（EQ 为平均风速比，VAR 为方差）

间相关性较强。平均风速比随着开口朝向角度的增大，呈先减小后增大的趋势，因此，开口朝向角度在 0°～90°时，平均风速比随角度增大而减小，理论上角度越大越不利于自然通风；在 90°～180°时，平均风速比随角度增大而增大，理论上角度越大越有利于自然通风。

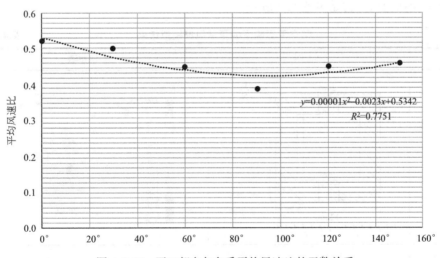

图 4.2-17　开口朝向与冬季平均风速比的函数关系

　　开口朝向与冬季风速比舒适度对比如图 4.2-18 所示。从风速比舒适度来看，$A_1 > A_0 > A_5 > A_2 > A_4 > A_3$。综合以上分析，6 种开口朝向的冬季风环境舒适度为 $A_1 > A_0 > A_2 > A_4 > A_5 > A_3$。

（3）总结

　　冬季和夏季模拟结果不同主要是与风的来向不同有关，实质上二者规律是相同的，开口朝向的角度和围合空间的风环境舒适度有较强的相关性，开口朝向角度在 0°～90°时，

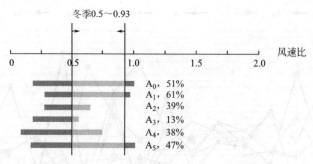

图 4.2-18　开口朝向与冬季风速比舒适度

平均风速比随角度增大而减小，理论上角度越大越不利于自然通风；在 90°～180° 时，平均风速比随角度增大而增大，理论上角度越大越有利于自然通风。即开口朝向与风的来向越接近，其自然通风性能越好。

4.2.2　围合式办公建筑的空间形态对风环境的影响

1. 围合式办公建筑的架空率

（1）架空率影响下的夏季风况模拟与分析

表 4.2-7 为架空率影响下的夏季风况模拟结果——1.5m 人行高度处风速分布图。采用标准围合单元的模型，在开口尺寸模拟的基础上，将开口方式改为底层架空。风向为夏季盛行风向南西南风，初始风速 2.70m/s。

架空率影响下的夏季风况模拟结果　　　　　　　　　　　　　表 4.2-7

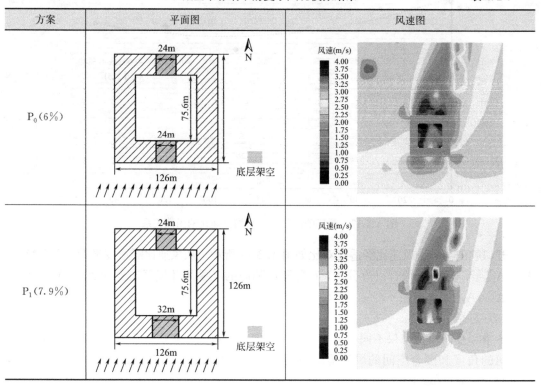

方案	平面图	风速图
P$_2$(9.9%)		
P$_3$(11.3%)		
P$_4$(13.2%)		
P$_5$(15.9%)		

架空率影响下的夏季测点风速比折线图如图 4.2-19 所示。对各方案间进行比较,架空率为 6%的 P_0 方案平均风速比为 0.36,方差为 0.043,与其他方案相比均为最小,因此,相对来说 P_0 方案的通风性能较差;架空率为 7.9%的 P_1 方案平均风速比为 0.41,方差为 0.060,风速比偏小而方差偏大,舒适度同样较低;架空率为 13.2%和 15.9%的 P_4、P_5 方案平均风速比分别为 0.52、0.48,方差数值较为接近,约为 0.048,所以 P_4、P_5 方案的通风性能较优。对同一方案各测点进行比较,迎风侧的测点风速比较大,其中测点 A_{y2} 处风速比最大;位于出流一侧的建筑转角处测点风速比最小。

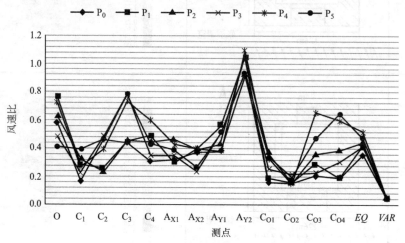

图 4.2-19 架空率影响下的夏季测点风速比
(EQ 为平均风速比,VAR 为方差)

图 4.2-20 展现了架空率与夏季平均风速比的函数关系,相关系数 $R^2 = 0.7325$,二者之间相关性较强。此时变量相对于夏季风处于迎风侧。平均风速比随着架空率的增大而增大,变化速率逐渐降低,最后趋于一个定值。理论上来说在一定的定义域内,架空率越高越有利于自然通风。

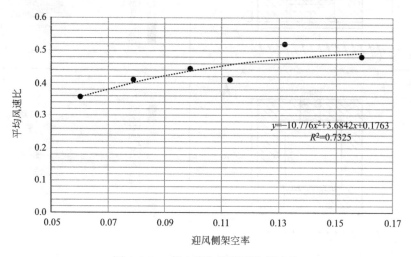

图 4.2-20 架空率与夏季平均风速比

架空率与夏季风速比舒适度对比图如图 4.2-21 所示。从风速比舒适度比较，$P_4 = P_2 >$
$P_3 > P_1 > P_5 > P_0$。综合上述分析，6 种架空率的夏季风环境舒适度为 $P_4 > P_5 > P_2 > P_3 >$
$P_1 > P_0$。

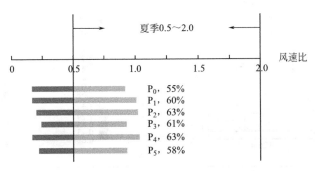

图 4.2-21　架空率与夏季风速比舒适度

（2）架空率影响下的冬季风况模拟与分析

表 4.2-8 为架空率影响下的冬季风况模拟结果——1.5m 人行高度处风速分布图。采
用标准围合单元的模型，在开口尺寸模拟的基础上，将开口方式改为底层架空。风向为冬
季盛行风向北西北风，初始风速 3.80m/s。

架空率影响下的冬季风况模拟结果　　　　　　　　　　　　表 4.2-8

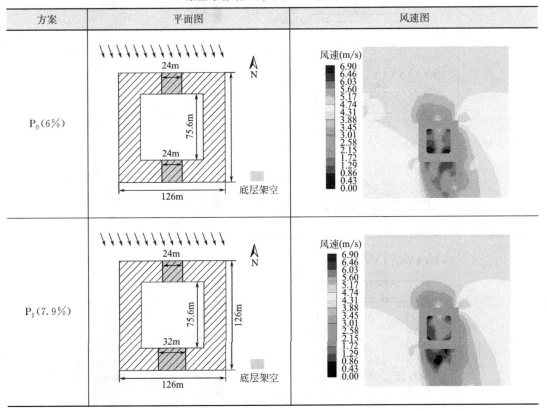

续表

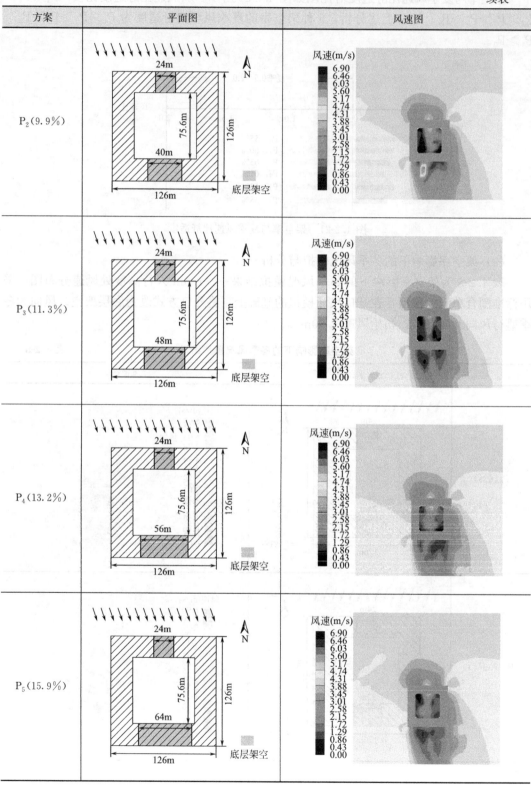

图 4.2-22 为架空率影响下的冬季测点风速比折线图。对各方案进行纵向比较，整体趋势上 6 种方案呈现相似的走势，出流侧架空率变化对风环境影响不大；架空率为 11.3% 的 P_3 方案平均风速比为 0.33，方差为 0.040，在 6 种方案中均为最小值，因此其通风性能较差；架空率为 9.9% 的 P_2 方案平均风速比为 0.37，方差为 0.053，通风性能也不理想；架空率为 7.9%、13.2% 的 P_1、P_4 方案，平均风速比分别为 0.40、0.39，方差分别为 0.41、0.44，风环境相对较优。对同一方案各测点进行比较，迎风侧和围合空间院落中心处的测点风速比较大，其中测点 A_{y1} 处风速比最大；建筑转角处测点风速比较小。

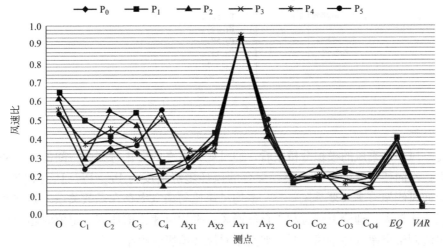

图 4.2-22　架空率影响下的冬季测点风速比
（EQ 为平均风速比，VAR 为方差）

图 4.2-23 为架空率与冬季平均风速比的函数关系，相关系数 $R^2 = 0.0164$，二者之间

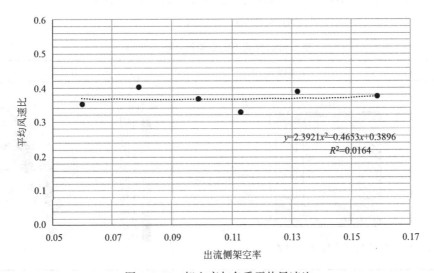

图 4.2-23　架空率与冬季平均风速比

无相关性。此时变量相对于冬季风处于出流侧。出流侧架空率的变化对围合空间的风环境影响很小。

架空率与冬季风速比舒适度对比如图 4.2-24 所示风速比舒适度数值非常接近，$P_5 > P_1 = P_0 > P_4 > P_3 > P_2$。综合以上分析，6 种架空率的冬季风环境舒适度为 $P_1 > P_4 > P_5 > P_0 > P_2 > P_3$。

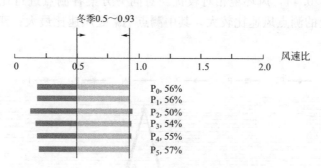

图 4.2-24　架空率与冬季风速比舒适度

（3）总结

从夏季风和冬季风的模拟分析来看，迎风侧架空率的变化对围合空间的自然通风性能影响较大；不同架空率的 6 种方案，综合的风环境舒适度为 $P_4 > P_5 > P_1 > P_2 > P_3 > P_0$；当变量为迎风侧架空率（夏季风）时，平均风速比与架空率存在函数关系，架空率数值越大平均风速比越大，理论上越有利于自然通风；平均风速比增加到一定值时趋于稳定；当变量为出流侧架空率（冬季风）时，架空率对风环境影响很小。

2. 围合式办公建筑的空间形态

（1）空间形态影响下的夏季风况模拟与分析

表 4.2-9 为空间形态影响下的夏季风况模拟结果——1.5m 人行高度处风速分布图。采用标准围合单元的模型，在开口数量为 2 的模型基础上，增加了高、中、低三种建筑高度的变化。风向为夏季盛行风向南西南风，初始风速 2.70m/s。

空间形态影响下的夏季风况模拟结果　　　　　表 4.2-9

方案	平面图	风速图
SP_0		

方案	平面图	风速图
SP$_1$	24m 75.6m 24m 126m N H=22.5m H=54m(低) H=81m(中)	风速(m/s) 4.00 3.75 3.50 3.25 3.00 2.75 2.50 2.25 2.00 1.75 1.50 1.25 1.00 0.75 0.50 0.25 0.00
SP$_2$	24m 75.6m 24m 126m N H=22.5m H=54m(低) H=81m(中) H=108m(高)	风速(m/s) 4.00 3.75 3.50 3.25 3.00 2.75 2.50 2.25 2.00 1.75 1.50 1.25 1.00 0.75 0.50 0.25 0.00
SP$_3$	24m 75.6m 24m 126m N H=22.5m H=54m(低) H=108m(高)	风速(m/s) 4.00 3.75 3.50 3.25 3.00 2.75 2.50 2.25 2.00 1.75 1.50 1.25 1.00 0.75 0.50 0.25 0.00
SP$_4$	24m 75.6m 24m 126m N H=22.5m H=54m(低) H=81m(中) H=108m(高)	风速(m/s) 4.00 3.75 3.50 3.25 3.00 2.75 2.50 2.25 2.00 1.75 1.50 1.25 1.00 0.75 0.50 0.25 0.00

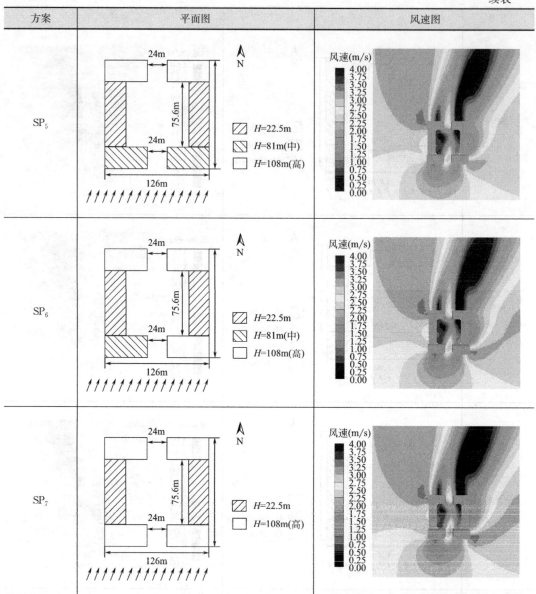

图 4.2-25 为空间形态影响下的夏季测点风速比。对各方案进行比较，整体趋势上 8 种方案呈现极为相似的走势，塔楼平均高度为 81m（表 4.2-10）的 SP_3 方案平均风速比为 0.35，方差为 0.039，在所有方案中均为最小值，不利于自然通风；同理，塔楼平均高度为 67.5m 的 SP_1 方案平均风速比和方差分别为 0.37、0.041，略大于 SP_3，通风性能也略好于 SP_3 方案；SP_4、SP_7、SP_2 三种方案的平均风速比由高到低为 0.45、0.43、0.40，方差约为 0.060，在 8 种方案中，自然通风性能较优。对同一方案各测点进行比较，围合空间院落中心处的测点风速与建筑转角处测点相比普遍较大；Y 轴上测点 O、A_{y1}、A_{y2} 处风速明显较大。

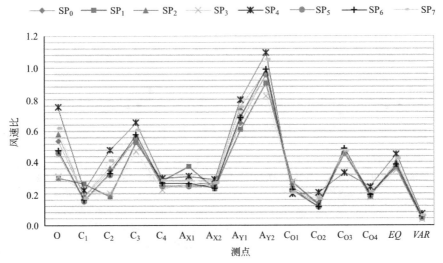

图 4.2-25　空间形态影响下的夏季测点风速比

（*EQ* 为平均风速比，*VAR* 为方差）

塔楼平均高度、夏季平均风速比、天空开阔度和孔隙率　　　　表 4.2-10

	SP_0	SP_1	SP_2	SP_3	SP_4	SP_5	SP_6	SP_7
塔楼平均高度（m）	54.00	67.50	74.25	81.00	87.75	94.50	101.25	108.00
平均风速比	0.39	0.37	0.40	0.35	0.45	0.37	0.39	0.43
天空开阔度	0.220	0.208	0.204	0.200	0.195	0.188	0.185	0.182
孔隙率	0.1275	0.1158	0.1105	0.1055	0.1009	0.0966	0.0927	0.089

　　在本节的模拟方案中，天空开阔度和孔隙率随塔楼平均高度增加而减小，呈负相关。其中天空开阔度和平均风速比函数如图 4.2-26（a）所示，相关系数 $R^2 = 0.1006$，二者之间无相关性。观察发现，去除两组误差较大的数据后，如图 4.2-26（b）所示，相关系数 $R^2 = 0.8588$，相关性较强。因此认为天空开阔度和平均风速比之间存在函数关系，平均风速比随天空开阔度的增大，呈现先减小后增大的趋势，从侧面反映出自然通风性能也是先减弱再增强。孔隙率和平均风速比函数如图 4.2-27（a）所示，相关系数 $R^2 = 0.1324$，相关性极弱；去除两组误差较大的数据后，如图 4.2-27（b）所示，相关系数 $R^2 = 0.9012$，相关性很强。因此认为孔隙率与平均风速比之间存在函数关系，平均风速比随孔隙率的增大呈先减小后增大的趋势，同理，自然通风性能也是先减弱再增强。

　　空间形态与夏季风速比舒适度对比如图 4.2-28 所示。从风速比舒适度比较，$SP_4 >$ $SP_7 > SP_2 > SP_0 = SP_6 > SP_5 > SP_1 > SP_3$。综合以上分析，6 种空间形态的夏季风环境舒适度为 $SP_4 > SP_7 > SP_2 > SP_0 > SP_6 > SP_5 > SP_1 > SP_3$。

　　（2）空间形态影响下的冬季风况模拟与分析

　　表 4.2-11 为空间形态影响下的冬季风况模拟结果——1.5m 人行高度处风速分布图。采用标准围合单元的模型，在开口数量为 2 的模型基础上，增加了高、中、低三种建筑高度的变化。风向为冬季盛行风向北西北风，初始风速 3.80m/s。

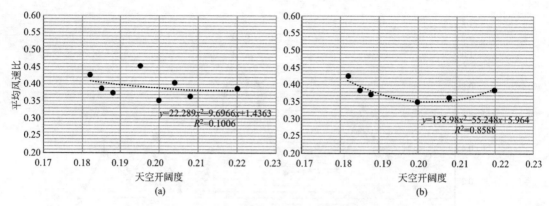

图 4.2-26 天空开阔度与夏季平均风速比函数关系

(a) 排除误差前；(b) 排除误差后

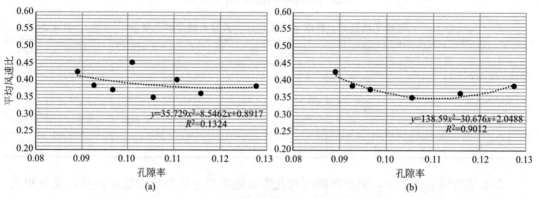

图 4.2-27 孔隙率与夏季平均风速比函数关系

(a) 排除误差前；(b) 排除误差后

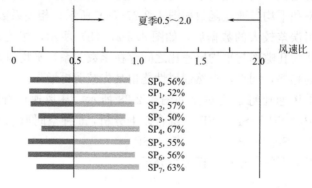

图 4.2-28 空间形态与夏季风速比舒适度

空间形态影响下的冬季风况模拟结果　　　　　　表 4.2-11

方案	平面图	风速图
SP_0	24m 75.6m 24m 126m H=22.5m H=54m(低)	风速(m/s) 6.90 6.46 6.03 5.60 5.17 4.74 4.31 3.88 3.45 3.01 2.58 2.15 1.72 1.29 0.86 0.43 0.00
SP_1	24m 75.6m 24m 126m H=22.5m H=54m(低) H=81m(中)	风速(m/s) 6.90 6.46 6.03 5.60 5.17 4.74 4.31 3.88 3.45 3.01 2.58 2.15 1.72 1.29 0.86 0.43 0.00
SP_2	24m 75.6m 24m 126m H=22.5m H=54m(低) H=81m(中) H=108m(高)	风速(m/s) 6.90 6.46 6.03 5.60 5.17 4.74 4.31 3.88 3.45 3.01 2.58 2.15 1.72 1.29 0.86 0.43 0.00
SP_3	24m 75.6m 24m 126m H=22.5m H=54m(低) H=108m(高)	风速(m/s) 6.90 6.46 6.03 5.60 5.17 4.74 4.31 3.88 3.45 3.01 2.58 2.15 1.72 1.29 0.86 0.43 0.00

续表

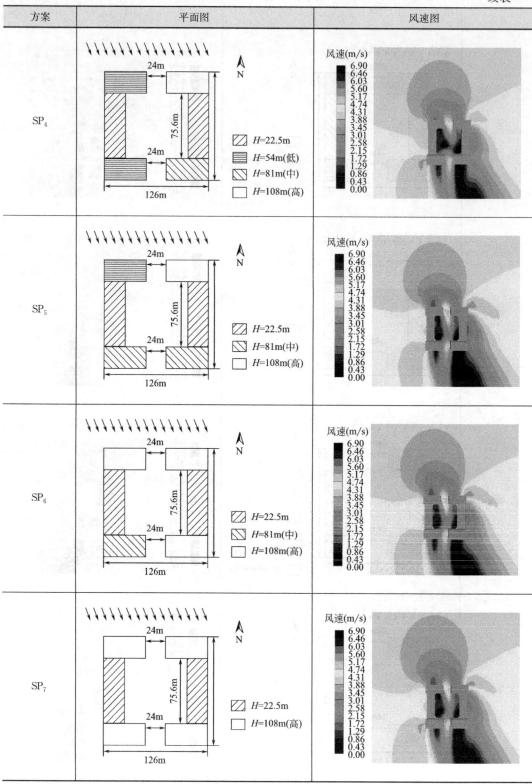

　　图 4.2-29 为空间形态影响下的冬季测点风速比折线图。对各方案进行比较，与夏季风模拟结果类似，整体趋势上 8 种方案呈现出极为相似的走势，表示建筑开口确定的情况下，塔楼的高度变化对整个围合空间内的风速分布影响很小。SP_3、SP_5、SP_6 三种方案的平均风速比由高到低为 0.48、0.46、0.45，方差约为 0.070，在 8 种方案中，数值相对较大，有多个测点超过舒适范围，考虑到冬季避风的需求，其自然通风性能相对较差。塔楼平均高度 87.75m 的 SP_4 方案平均风速比和方差分别为 0.40、0.0504，略大于 SP_0，冬季舒适度较高；同理，塔楼平均高度为 54m（表 4.2-12）的 SP_0 方案平均风速比为 0.39，方差为 0.054，在所有方案中均为最小值，冬季舒适度也较高。对同一方案各测点进行比较，位于 Y 轴上的测点 O、A_{y1}、A_{y2} 处风速明显较大。

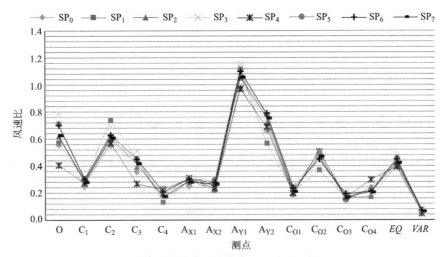

图 4.2-29　空间形态影响下的冬季测点风速比折线图

（EQ 为平均风速比，VAR 为方差）

塔楼平均高度、冬季平均风速比、天空开阔度和孔隙率　　　　表 4.2-12

	SP_0	SP_1	SP_2	SP_3	SP_4	SP_5	SP_6	SP_7
塔楼平均高度(m)	54.00	67.50	74.25	81.00	87.75	94.50	101.25	108.00
平均风速比	0.39	0.41	0.44	0.48	0.40	0.46	0.45	0.43
天空开阔度	0.220	0.208	0.204	0.200	0.195	0.188	0.185	0.182
孔隙率	0.1275	0.1158	0.1105	0.1055	0.1009	0.0966	0.0927	0.089

　　在本节的模拟方案中，天空开阔度和孔隙率与塔楼平均高度呈负相关。其中天空开阔度和冬季平均风速比函数如图 4.2-30（a）所示，相关系数 $R^2=0.3079$，二者之间无相关性。观察发现，去除两组误差较大的数据后，如图 4.2-30（b），相关系数 $R^2=0.8283$，相关性较强。因此认为天空开阔度和冬季平均风速比之间存在函数关系，与夏季风相似，随天空开阔度的增大，呈现先减小后增大的趋势，从侧面反映出冬季自然通风性能也是先减弱再增强。孔隙率和冬季平均风速比函数如图 4.2-31（a）所示，相关系数 $R^2=0.3338$，相关性极弱，去除两组误差较大的数据后，如图 4.2-31（b）所示，相关系数 $R^2=0.83$，相关性较强。因此认为孔隙率与冬季平均风速比之间存在函数关系，随孔隙率的增大，呈先减小后增大的趋势，同理，冬季自然通风性能也是先减弱再增强。

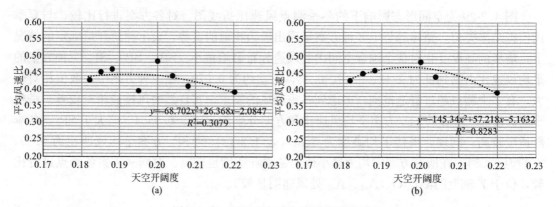

图 4.2-30　天空开阔度与冬季平均风速比

（a）排除误差前；（b）排除误差后

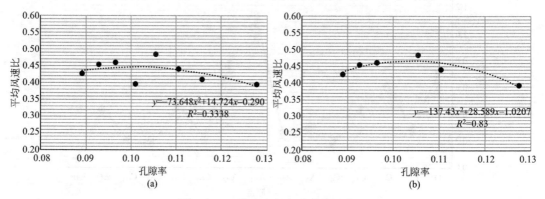

图 4.2-31　孔隙率与冬季平均风速比

（a）排除误差前；（b）排除误差后

空间形态与冬季风速比舒适度对比如图 4.2-32 所示。从风速比舒适度比较，数值比较接近，$SP_4 > SP_0 > SP_2 = SP_7 > SP_6 > SP_5 > SP_3 > SP_1$。综合以上分析，6 种空间形态的冬季风环境舒适度为 $SP_4 > SP_0 > SP_2 > SP_7 > SP_6 > SP_5 > SP_3 > SP_1$。

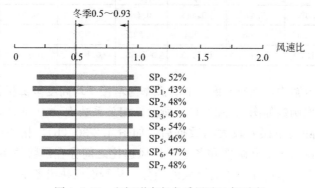

图 4.2-32　空间形态与冬季风速比舒适度

（3）总结

本节采用天空开阔度和孔隙率评价围合式办公建筑的空间形态，二者随塔楼平均高度的增加而降低。从夏季和冬季的模拟结果分析来看，平均风速比与天空开阔度和孔隙率均有一定的函数关系，且变化趋势相似，从侧面反映出气流流动速度随天空开阔度和孔隙率的增加，先减后增。夏季，风速比大，风环境舒适度也相对较高。冬季，风速比大，如果对应的方差也大，说明局部地区可能出现疾风区，风环境舒适度反而较低。综合评价 6 种空间形态的风环境舒适度为 $SP_4 > SP_7 > SP_0 > SP_2 > SP_6 > SP_5 > SP_1 > SP_3$。

4.3　结论

本章首先对 CFD 研究方法做了简要的介绍，明确了研究的流程。然后，确定了模型和边界条件，如网格划分、计算域、求解方案、收敛准则等。随后对围合式办公建筑室外风环境的影响因素进行模拟与分析，本章将影响因素主要划分为两类，一类是围合式办公建筑的平面布局形态，如开口数量、开口尺寸、开口朝向等；一类是围合式办公建筑的空间形态，如架空率、天空开阔度和孔隙率。

本章以标准围合单元为基础，通过控制变量法对 6 种影响因素进行研究，结果发现，它们均与围合空间的平均风速比存在一定的函数关系，可以从侧面反映出自然通风性能的变化趋势，但是风环境舒适度的评价还需要综合考虑。在实际设计中，可以为以上 6 种参数的风环境影响机制提供参考。得出以下结论：

（1）详细梳理目前的风环境标准时，发现结合区域气候特征，综合考虑温度、湿度和风的影响来确定风环境舒适度的评价标准是研究的趋势。本章在风速比评价方法的基础上，引入了气候舒适指数的概念，使评价标准更加合理。

（2）从区位、总体布局、单体布局、建筑朝向、开口位置、院落形态、空间形态等方面介绍了杭州围合式办公建筑的空间特征，从集约化、多元化、简约化、生态化四个方面进行总结归纳，提出了平面布局和空间形态两类影响因素。

（3）对于围合式的布局，迎风侧开口处测点风速最高，其次是围合空间的中心测点处，建筑转角处的风速最低，这一基本的风速分布规律会在不同的布局方案中发生略微的变动，但整体保持不变。

（4）本章对 6 种围合式布局参数对夏季和冬季盛行风向的影响进行数值模拟与分析，得出杭州围合式办公建筑布局对风环境的影响机制，见表 4.3-1。利用杭州围合式办公建筑布局对风环境的影响机制的表达式，在方案设计阶段，建筑师可以根据需要通过调控影响风环境的布局因素，达到提高风环境舒适度、节能降耗的目的。

杭州围合式办公建筑布局对风环境的影响机制　　　　表 4.3-1

			模型多项式	R^2	相关性	
平面布局参数	开口数量	夏季	$y = -0.0325x^2 + 0.1619x + 0.3019$	0.87	极强相关	极强相关
		冬季	$y = -0.0301x^2 + 0.1415x + 0.3266$	0.82	极强相关	
	开口尺寸（夏季来风向）	夏季	$y = 0.0002x^2 - 0.0136x + 0.7424$	0.75	强相关	强相关（变量为迎风侧）
		冬季	$y = -0.00005x^2 + 0.0038x + 0.4854$	0.21	弱相关	
	开口朝向	夏季	$y = 0.00002x^2 - 0.0033x + 0.5336$	0.79	强相关	强相关
		冬季	$y = 0.00001x^2 - 0.0023x + 0.5342$	0.78	强相关	

续表

			模型多项式	R^2	相关性	
空间形态参数	架空率（夏季来风向）	夏季	$y=-10.776x^2+3.6842x+0.1763$	0.73	强相关	强相关（变量为迎风侧）
		冬季	$y=2.3921x^2-0.4653x+0.3896$	0.02	无相关	
	天空开阔度	夏季	$y=135.98x^2-55.248x+5.964$	0.86	极强相关	极强相关
		冬季	$y=-145.34x^2+57.218x-5.1632$	0.83	极强相关	
	孔隙率	夏季	$y=138.59x^2-30.676x+2.0488$	0.90	极强相关	极强相关
		冬季	$y=-137.43x^2+28.589x-1.0207$	0.83	极强相关	

第5章 城市中心区街道空间的布局方式

5.1 街道风环境模拟方法

5.1.1 模拟软件 PHOENICS 的介绍

本章进行风环境模拟所使用的软件是 PHOENICS，在前面已经具体介绍过，此处不再赘述。PHOENICS 的运行程序包含前处理、求解器、后处理三大部分。

5.1.2 数值模拟流程

本章详细介绍使用 PHOENICS 进行建筑室外风环境模拟时的 6 个主要步骤。第一步是建立仿真模型，第二步是确定物质属性及其模型选择，第三步是设置边界条件，第四步是调整网格，第五步是进行迭代计算，第六步是查看模拟结果。具体流程如图 5.1-1 所示。

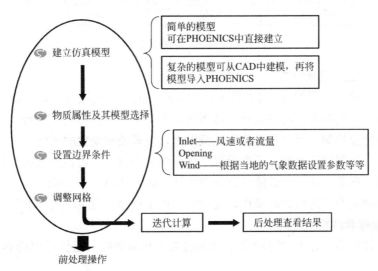

图 5.1-1　具体操作流程

接下来，将介绍一次实际模拟过程。

1. 模型建立

本次的模型建立，利用的是 AutoCAD 软件。首先，在 CAD 中建立了研究所选取的杭州市湖滨地区一个典型街道地块，并且按照实际条件中此区域的建筑高度分别将各个体块设置高度拉高成三维立体的体块。然后将所有体块都合并到一起，成为一个实体体块。之后选择文件菜单中的输出命令，选择平板印刷 STL 格式，选择合并完体，最终就得到了可以导入进 PHOENICS 软件中的 STL 模型文件。

2. 参数设置

打开 PHOENICS 软件，建立一个新的实例，在下拉菜单中点击 Flair。点击 VR 模式中的 Obj 选项，新建一个体块，体块的类型选择实体，切换到图形选项，点击从导入 CAD 建立的 STL 模型，然后进入 STL 文件所在的文件夹中，选择之前已经建立好的杭州湖滨地区的典型街道地块的 STL 文件。点击菜单，打开控制面板中几何属性，建立本次模拟的计算区域：600m×500m×100m。之后再新建一个体块，在类型中选择风，点击属性菜单设置本次模拟风的参数，点击模型，设置模型参数，如图 5.1-2 所示。

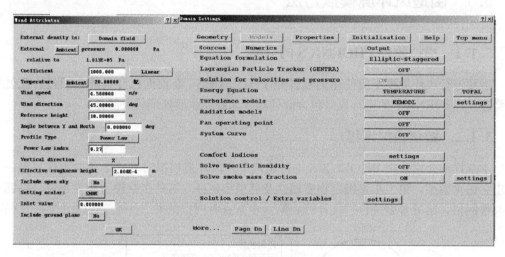

图 5.1-2　参数设置

3. 调整网格进行迭代计算

点击几何菜单，设置如图 5.1-3 所示。划分网格的时候应该注意，在保证计算机运行顺畅、节约时间的前提下，网格应该尽量密集，尤其是靠近模拟建筑附近的区域。网格划分并不要求一定要均匀，可以在模拟区域范围内，设置疏密变化的网格。

接下来，在迭代计算之前，还要设置迭代计算的参数。点击数值选项，在这里分别输入迭代的间隔和次数，这样可以使计算结果更加精确，如图 5.1-4 所示。

以上工作便是全部的前处理操作，完成后，点击选择运行菜单进行求解。

4. 后处理查看结果

计算机维持运算过程的时间取决于模型的大小和精确度。运算过程的界面如图 5.1-5 所示。

最后一步要进行的就是后处理步骤。PHOENICS 软件本身具有后处理的自模块，因此在最后结果输出的时候，操作人员不必花费太多时间。点击运行菜单，选择下拉菜单栏处的后信息处理机选项，最后点击 GUI 按钮，就可以得到模拟计算结果了。图 5.1-6 是杭州市湖滨地区典型街道 1.5m 行人高度处的风速图。

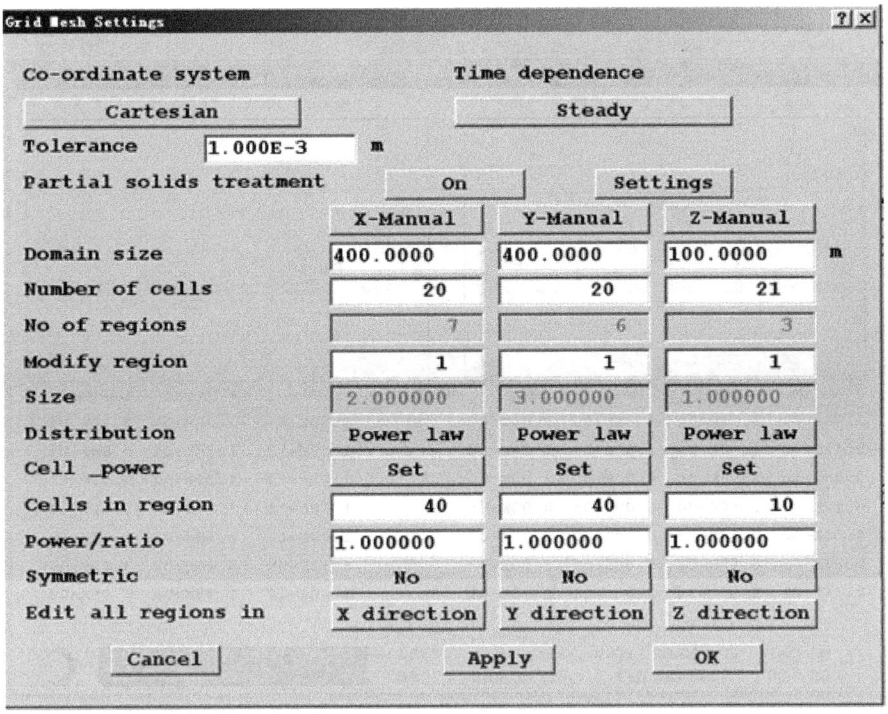

图 5.1-3　网格划分

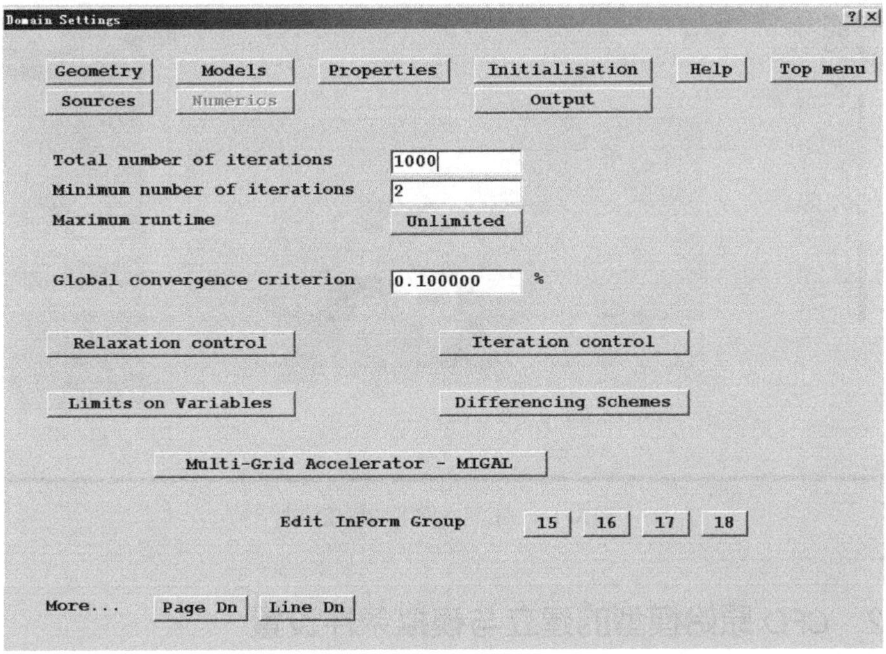

图 5.1-4　迭代计算设置

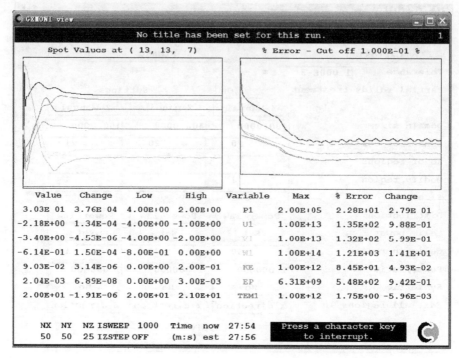

图 5.1-5　运算过程

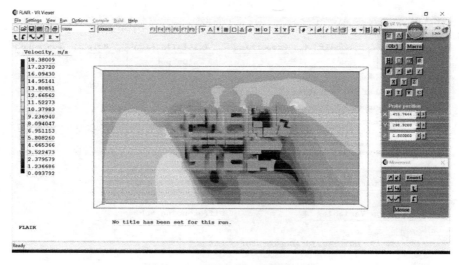

图 5.1-6　不同高度下的风压力图

5.2　CFD 原始模型的建立与模拟条件设置

5.2.1　CFD 原始模型的建立

经过对杭州市上城区邮电路东段所进行的风环境实地测试，明确了邮电路的街道空间具有典型的城市多层高密度街区街道的特点。对同一区域其他街道的调研发现，杭州市上城区的街道大多是东西向的街道。由于西湖周边的限高要求，街道两侧的建筑物高度均不高于 25m。街道两侧的建筑使用性质商业居多，每栋建筑面宽多为 4～5 跨柱网。因此，本节所建立的理想模型单体建筑尺寸为：高 20m，面宽 35m，山墙面宽 20m。整条街道的长度设为固定值 240m，原始模型街道宽度为 10m，符合城市道路支路要求，除此之外，在道路两侧各设置 4m 宽的人行道。

《城市居住区规划设计标准》GB 50180—2018 中关于《建筑间距和退距管理技术规定》，非居住建筑的间距，除经批准的详细规划另有规定外应符合相关规定多层平行布置时，其间距不小于较高建筑高度的 1.0 倍，并不小于 6m；垂直布置时，其间距不小于 9m，山墙间距不宜小于 6m。根据以上规定，本章节模型中建筑间距大于或等于 6m。由于本节只研究街道内部空间的风环境，为了使模拟结果更具有倾向性，不考虑街区外界环境的影响，因此模拟区域内只需建立典型的街道模式的建筑简化理想模型即可，如图 5.2-1 所示。

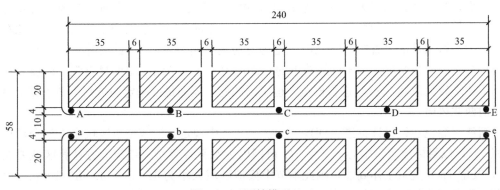

图 5.2-1　原始模型（m）

根据实测数据结果，在原始模型中选取测点也遵循同样的"分散全面"原则。由于理想情况下的街道两侧的建筑完全对称，因此在测点的选择上，也在街道两侧的人行道上成完全对称状态。北侧街道的测点位于北侧人行道上，距离北侧建筑 2m，南侧街道的测点位于南侧人行道上，距离南侧建筑 2m。测点 A（a）位于街道西侧入口处，与紧靠西边的建筑西立面齐平。测点 B（b）位于整条街靠西 1/4 处，南北两侧均有建筑遮挡。测点 C（c）位于整条街道正中央位置，刚好也是位于中间两栋建筑形成的巷口处。测点 D（d）位于整条街靠东 1/4 处，南北两侧均有建筑遮挡。测点 E（e）位于街道东侧入口处，与紧靠东边的建筑东立面齐平。以上所有测点囊括了街道空间内所有的典型位置，所模拟出来的结果具有很高的代表性。

5.2.2　模拟条件设置

本节运用 PHOENICS 进行数值模拟。计算采用在空气质量研究中被广泛使用的 RNG 模型求解流场中的湍流。该研究中的空气流动为稳态、不可压缩和等温流。建筑表面与地面使用防滑壁面边界条件。为保证其计算可以收敛，迭代次数设为 2000 次。

正如本书第 3 章所描述的，在进行建筑室外风环境模拟前，应先确定模拟参数条件的设置。由于地表摩擦的作用，接近地表的风速随着离地高度的减小而降低。只有离地 300m

以上的地方，风速才不受地表的影响，可以在大气梯度的作用下自由流动。因此，来流面风速的变化规律以指数率表示：

$$U_{(z)} = U_G \times (z/z_G)^\alpha \qquad (5.2-1)$$

式中　$U_{(z)}$——任意高度 z 处的平均风速（m/s）；

　　　U_G——标准高度 z_G 处的平均风速（m/s）；

　　　α——描述地面粗糙度的参数；

　　　z_G——模拟中标准高度（m）。

其中，地面粗糙度参数 α 取 0.25，U_G 取 13m/s，z_G 取 400m，湍流强度假定为地面 52m 以上 12%。建筑群中交通干道方向与风向相同时会使该交通干道内风速加大，交通干道方向与风向垂直时，该交通干道的风速比较小。除此之外，交通干道方向与风的夹角为 45°时，建筑群内风速较为均匀。由此说明，街道方向与风向相同或垂直时，方向这个因子对风速的影响作用明显，在这两种情况下研究公共建筑的排布对风速的影响作用不大。然而，当街道方向与风向夹角为 45°时，由于风速稳定均匀，方向这个因子对街道风速的影响较小，故在这种情况研究由建筑围合的街道轮廓的形态因子比较适合。因此在本节的模拟参数条件的设置中，将风向确定为与街道夹角为 45°。除此之外，由于研究对象为模拟结果的变化情况，与不同模式下的对比，为了让模拟结果更明显直观，风速大小取杭州市冬季较大风速 10m/s 进行模拟。也正因如此，风向最终确定为杭州市冬季频率最高的风向西北风向。

浙江《绿色建筑设计标准》DB33/1092—2020 中规定：建筑覆盖区域小于整个计算域面积 3%；以目标建筑为中心，半径 5H 范围内为水平计算域。建筑上方计算区域要大于 3H，其中 H 为建筑主体高度，因此本节中模拟区域大小为 1200m×600m×100m。由于本节只研究商业街道内部的风环境，为了使模拟结果更具有倾向性，不考虑街区外界环境的影响，模拟区域内只需建立典型的商业街道模式的建筑简化模型即可。对原始模型进行计算机风环境数值模拟，得到模拟结果如图 5.2-2 所示。

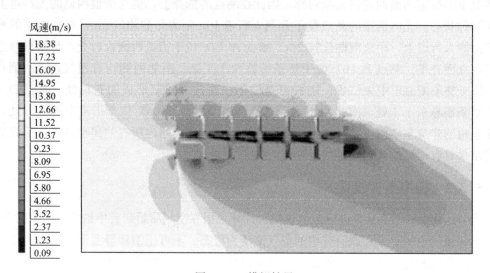

图 5.2-2　模拟结果

5.3　街道空间布局量化参数模型建立

5.3.1　街道贴线率模型

街道贴线率是对街道界面连续性的一个衡量参数。为了应对街道界面围合感较低和城市形态不饱满的现状，形成更加完整的城市形态和恢复城市街道围合感，上海市城市规划部门对城市新建区域街道进行强制街道贴线率规定，用以规范街道界面。特定街道的两侧城市地块中，紧贴红线的建筑立面所构成的街墙立面长度与建筑控制线长度的比值，被称为街道贴线率（图 5.3-1）。街道贴线率的计算公式为：

$$P = \frac{B}{L} \times 100\% \qquad (5.3\text{-}1)$$

式中　P——街道贴线率；

　　　B——街墙立面线总长度（m）；

　　　L——建筑控制线长度（m）。

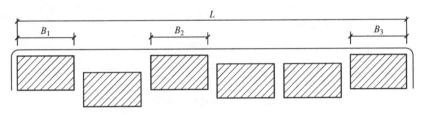

图 5.3-1　街道贴线率示意图

为了研究街道贴线率与街道风环境之间的关系，需利用控制变量法，保持其他街道空间布局量化参数不变，只改变原始模型中的街道贴线率，观察风环境随之产生的变化。将其中的建筑体块沿垂直于街道的方向移动以改变街道模型空间的贴线率，据此得到 a_1、a_2、a_3 三个模式（图 5.3-2）。

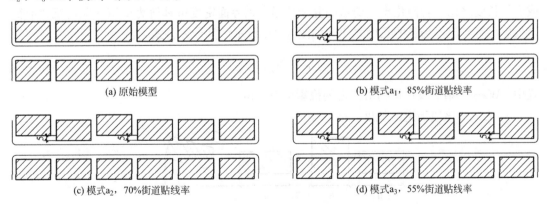

(a) 原始模型　　　　　　　　　　　(b) 模式a_1，85%街道贴线率

(c) 模式a_2，70%街道贴线率　　　　　(d) 模式a_3，55%街道贴线率

图 5.3-2　街道贴线率模式

原始模型的贴线率为 100%，模式 a_1 将街道北侧最西边的建筑向北移动了 5m，使得街道贴线率降低为 85%；模式 a_2 在模式 a_1 的基础上又将街道北侧西边第三个建筑体块向

北移动了 5m，使得贴线率降低为 70%；模式 a_3 继续此前的一系列改变，又将一个建筑体块向北移动了 5m，使得街道贴线率降低为 55%。因为初始风向是西北方向，街道南侧的建筑并不会对街道内部空间的风环境产生任何影响，此次模型建立便控制街道南侧建筑为不变量，简化模型，使得模拟结果更明显、更具有倾向性。经过计算机数值模拟计算，得到风速模拟结果如图 5.3-3 所示。

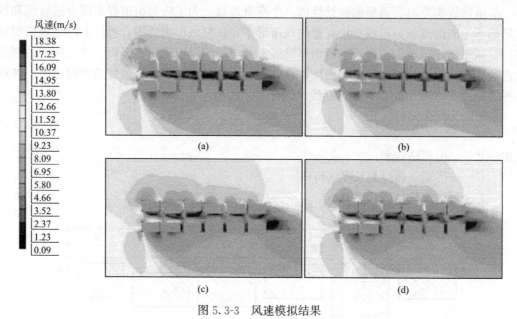

图 5.3-3 风速模拟结果

（a）原始模型；（b）模式 a_1，85% 贴线率；（c）模式 a_2，70% 贴线率；（d）模式 a_3，55% 贴线率

5.3.2 街道界面密度模型

街道界面密度是对街道空间限定感的一个衡量参数。界面密度是指某段街或道一侧的所有后退道路红线距离小于高度的 1/3 的建筑（含围墙、栅栏）的投影面宽总和与该段街或道的长度之比。若简化现实街道的复杂情形，则界面密度可理解为街道一侧建筑物沿街道投影面宽与该段街道的长度之比，如图 5.3-4 所示。其计算公式为：

$$De = \sum_{i=1}^{n} W_i / L \tag{5.3-2}$$

式中 W_i——第 i 段建筑物沿街道的投影面宽（m）；

　　　L——该段街道的长度（m）。

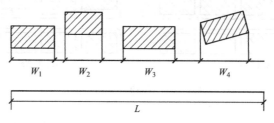

图 5.3-4 界面密度计算示意图

　　为了研究街道界面密度与街道风环境之间的关系，也需利用控制变量法，保持其他街道空间布局参数不变，只改变原始模型中的街道界面密度，观察风环境随之产生的变化。取掉若干个建筑体块后，将剩余的建筑体块仍然均匀排布的方式来改变街道模型空间的界面密度，据此得到 b_1、b_2、b_3 三个模式，如图 5.3-5 所示。

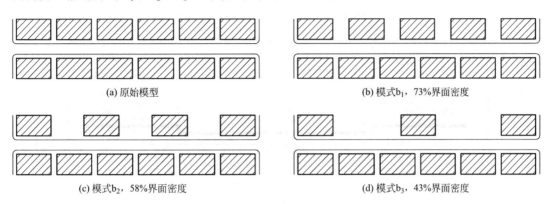

(a) 原始模型　　　　　　　　　　　　　　　　(b) 模式 b_1，73% 界面密度

(c) 模式 b_2，58% 界面密度　　　　　　　　　(d) 模式 b_3，43% 界面密度

图 5.3-5　界面密度模式

　　经过公式计算，原始模型的街道界面密度为 87.5%；模式 b_1 取掉街道北侧的一个建筑体块后，将剩下的五个建筑体块均匀排布在街道北侧，使得北侧街道界面密度降低为73%；模式 b_2 取掉街道北侧的两个建筑体块后，将剩下的四个建筑体块均匀排布在街道北侧，使得北侧街道界面密度降低为 58%；模式 b_3 继续此前的一系列改变，取掉街道北侧的三个建筑体块后，将剩下的三个建筑体块均匀排布在街道北侧，使得北侧街道界面密度降低为 43%。因为初始风向是西北方向，街道南侧的建筑并不会对街道内部空间的风环境产生任何影响，此次模型建立便控制街道南侧建筑为不变量，简化模型，使得模拟结果更明显、更具有倾向性。经过计算机数值模拟计算，得到风速模拟结果如图 5.3-6 所示。

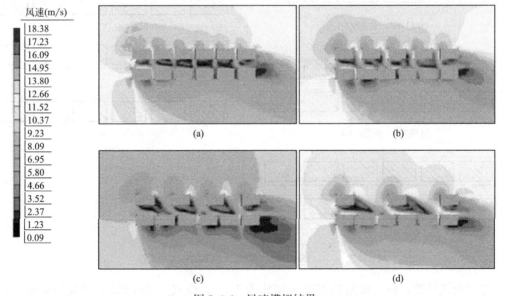

图 5.3-6　风速模拟结果

（a）原始模型；（b）模式 b_1，73% 界面密度；（c）模式 b_2，58% 界面密度；（d）模式 b_3，43% 界面密度

5.3.3　街道高宽比模型

街道高宽比指的是将街道的宽度设为 D，街道两侧建筑外墙的高度设为 H，两者之间的比值 H/D，如图 5.3-7 所示。通过对传统街道两侧建筑高度和空间宽度的比值（H：D）和视觉进行分析比较，可以看出不同的比值会引起不同的心理反应。

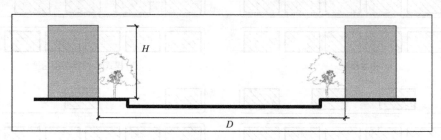

图 5.3-7　街道高宽比示意图

一般而言，1.5：1～1：2 的高宽比较为宜人；商业街道可适度紧凑，较窄的商业街高宽比可达到 3：1；交通性街道和综合性街道两侧可适度开敞，高宽比可控制在 1：1～1：2。遵循以上原则，得到 c_1、c_2、c_3、c_4 四个街道高宽比模式。

为了研究街道高宽比与街道风环境之间的关系，也需利用控制变量法，保持其他街道空间布局参数不变，只改变原始模型中的街道高宽比，观察风环境随之产生的变化。沿垂直于街道的方向移动街道北侧所有建筑体块的方式来改变街道模型空间的高宽比，据此得到 c_1、c_2、c_3、c_4 四个模式，如图 5.3-8 所示。

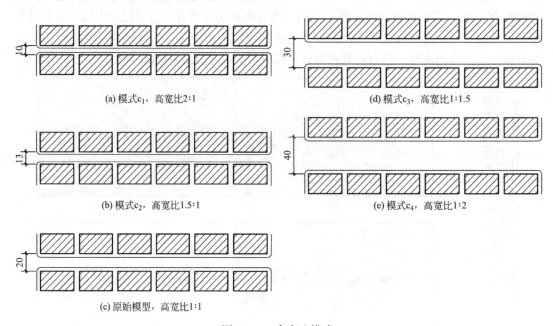

(a) 模式 c_1，高宽比 2：1

(d) 模式 c_3，高宽比 1：1.5

(b) 模式 c_2，高宽比 1.5：1

(e) 模式 c_4，高宽比 1：2

(c) 原始模型，高宽比 1：1

图 5.3-8　高宽比模式

经过公式计算，原始模型的街道高宽比为 1：1；模式 c_1 将街道北侧建筑向南移动，将街道宽度缩小为 10m，使得街道高宽比改变为 2：1；模式 c_2 将街道北侧建筑向南移动，将街道宽度缩小为 13m，使得街道高宽比改变为 1.5∶1；模式 c_3 将街道北侧建筑向北移动，将街道宽度扩大为 30m，使得街道高宽比改变，1∶1.5。继续此前的一系列改变，将街道北侧建筑向北移动，将街道宽度扩大为 30m，使得街道高宽比改变为 1∶2。因为初始风向是西北方向，街道南侧的建筑并不会对街道内部空间的风环境产生任何影响，此次模型建立便控制街道南侧建筑为不变量，简化模型，使得模拟结果更明显、更具有倾向性。经过计算机数值模拟计算，得到风速模拟结果如图 5.3-9 所示。

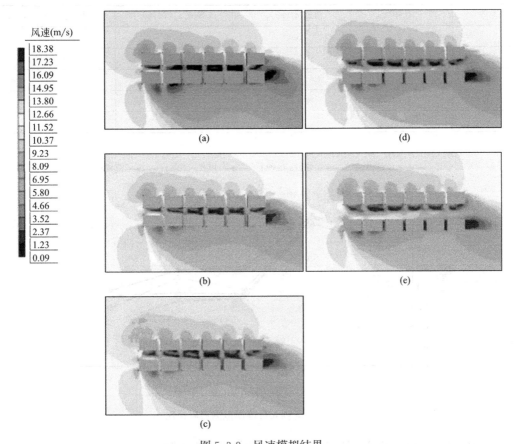

图 5.3-9　风速模拟结果

(a) 模式 c_1，高宽比 2∶1；(b) 模式 c_2，高宽比 1.5∶1；(c) 原始模型，高宽比 1∶1；
(d) 模式 c_3，高宽比 1∶1.5；(e) 模式 c_4，高宽比 1∶2

5.4　结果分析与评价

5.4.1　街道贴线率与街道风环境

如表 5.4-1 所示，分别记录下街道南侧测点 a、b、c、d、e 五个测点在街道贴线率为 100％、85％、70％、55％四种街道空间布局模式下的风速，并将其转化为风速比，用折线图表示出来。如图 5.4-1 所示，可以看出测点 a、b 测点风速变化不明显，较为稳定。不论街道贴线率为何值时，b 测点风速均最大，a 测点次之，其余 c、d、e 测点距这两测点的风速比均有一定差距，e测点风速比最小。a、b测点是南侧人行道上的模拟测点，大致位于来风口的非风影区，e测点距离来风口最远。还可以观察到，模式 a_2 的折线均在其他模式折线的上方，也就是在模式 a_2 街道贴线率为70%的模拟条件下，各个测点的风速都较其他模拟条件高一些，因此可初步推断街道贴线率为70%时，城市街道内风速较大，有利于通风和空气质量更新。

南侧人行道模拟测点风速表　　　　　　　　　　表 5.4-1

测点	原始模式	模式 a_1（85%）	模式 a_2（70%）	模式 a_3（55%）
a	6.22	6.44	6.50	6.46
b	7.26	7.62	7.65	7.54
c	3.64	3.44	5.05	3.87
d	3.74	3.30	4.89	4.51
e	3.59	2.25	3.85	3.00

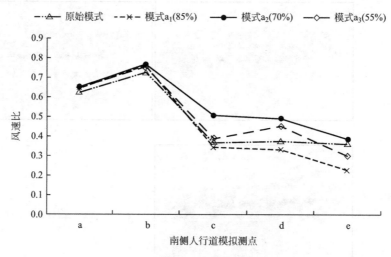

图 5.4-1　南侧人行道模拟测点风速比

分别记录下街道北侧 A、B、C、D、E 五个测点在街道贴线率为100%、85%、70%、55%四种街道空间布局模式下的风速（表 5.4-2），并将其转化为风速比，用折线图表示出来。如图 5.4-2 所示，可以看出在任何模式下，不论街道贴线率为何值时，B 测点风速都比较小，距离来风口最远的 E 测点的风速比仍然不高于其他四个测点。

北侧人行道模拟测点风速表　　　　　　　　　　表 5.4-2

测点	原始模式	模式 a_1（85%）	模式 a_2（70%）	模式 a_3（55%）
A	5.35	6.61	6.68	6.63
B	2.44	1.99	2.58	2.76
C	5.12	4.80	4.41	4.21
D	3.00	2.93	1.96	3.24
E	2.69	2.59	1.80	2.47

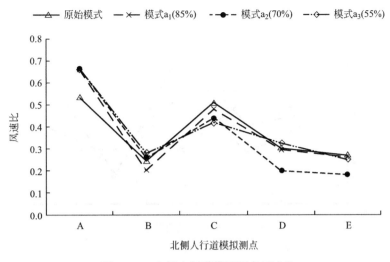

图 5.4-2　北侧人行道模拟测点风速比

综合南侧人行道和北侧人行道两组测点的模拟数据可以看出，在街道贴线率不断变化的情况下，各个测点的变化幅度均不是很明显。不论街道贴线率为何值，测点与测点之间的差异性都很稳定。这说明，在其他条件均稳定不变的前提下，街道贴线率的变化并不会造成街道内风环境的变化。并且进一步说明，影响街道风环境有差异性的原因主要还是所处区域位置不同。

5.4.2　街道界面密度与街道风环境

如表 5.4-3 所示，分别记录下街道南侧测点 a、b、c、d、e 五个测点在街道界面密度为 87.5%、73%、58%、43% 四种街道空间布局模式下的风速，并将其转化为风速比，用折线图表示出来。由图 5.4-3 可以看出，测点 a 的风速比较稳定，测点 d 次之，其余各测点的风速比随着街道界面密度的变化均有很明显的改变。在原始模式（界面密度为87.5%）的风环境模拟条件下，城市街道内各个测点的波动幅度最小，在模式 b_3（界面密度为 43%）的风环境模拟条件下，城市街道内各个测点的波动幅度最大。由于街道北侧界面密度的变化是通过改变北侧建筑体块数量来达到的，因此，街道北侧人行道上的测点失去了测量的意义，不在文中赘述。

南侧人行道模拟测点风速表　　　　　　　　　　　　　　表 5.4-3

测点	原始模式	模式 b_1	模式 b_2	模式 b_3
a	6.22	5.68	5.73	6.27
b	7.26	7.76	3.46	5.32
c	3.64	7.76	7.51	10.34
d	3.74	3.22	2.20	1.68
e	3.59	5.27	8.63	9.08

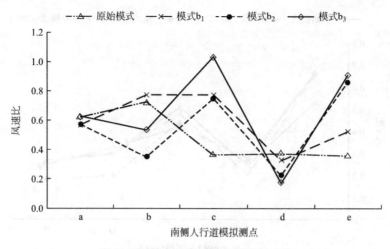

图 5.4-3　南侧人行道模拟测点风速比

为了使模拟试验数据更加直观准确，将街道内各个测点的风速做了方差统计，如表 5.4-4 所示，并得出不同模式下测点风速变化波动幅度的折线图，如图 5.4-4 所示。由图 5.4-4 可直观地看出随着界面密度的不断减小，城市街道内各个测点的波动幅度越来越大，这样会让在街道中行走的行人感受到强烈的风速变化，导致其舒适度大为下降。

不同模式下测点风速变化方差　　　　　　　　　　　　表 5.4-4

模拟模式	原始模式	模式 b_1	模式 b_2	模式 b_3
方差	1.54	1.70	2.40	3.03

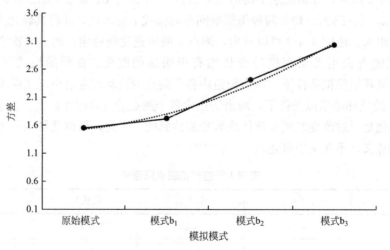

图 5.4-4　不同模式下测点风速变化波动幅度

5.4.3　街道高宽比与街道风环境

如表 5.4-5 所示，分别记录下街道南侧测点 a、b、c、d、e 五个测点在街道高宽比为 2：1、1.5：1、1：1、1：1.5、1：2 五种街道空间布局模式下的风速，并将其转化为风速比，用折线图表示出来，如图 5.4-5 所示。由折线图可以看出，测点 a 的风速比多数情况下都是大于其他测点。随着街道高宽比的减少，街道内各个测点的风速也都逐渐增大，根据这种趋势，可以大胆推断出，城市街道内的风速和街道高宽比成反比例关系。因此要有意识地控制街道高宽比，尽量避免城市街道内的风速过大或过小。

南侧人行道模拟测点风速表 表 5.4-5

测点	模式 c_1	模式 c_2	原始模式	模式 c_3	模式 c_4
a	0.69	0.67	0.62	0.95	0.94
b	0.21	0.56	0.72	0.75	0.97
c	0.43	0.43	0.36	0.61	0.84
d	0.11	0.25	0.37	0.58	0.57
e	0.34	0.25	0.35	0.36	0.37

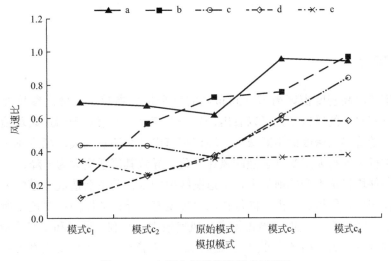

图 5.4-5 南侧人行道模拟测点风速比

为了使模拟试验数据更加直观准确，将各个测点的风速做了方差统计，如表 5.4-6 所示，试图将其与街道高宽比联系起来，并得出不同街道高宽比模式下测点风速变化波动幅度的折线图，如图 5.4-6 所示。通过计算散点分布情况，然后进行曲线拟合，可以得到街道高宽比 x 与不同街道高宽比模式下测点风速变化波动幅度（方差）y 之间的曲线。曲线公式为：

$$y = 0.1305x^2 - 0.6931x + 2.5376 \qquad (5.4-1)$$

曲线表明，y 值先随着 x 值增大而减小。当 $x = 2.6$ 时，y 值达到最小值 1.62。随后，当 x 值继续增大，y 值随之缓慢增大。因此可以初步推断，在高宽比接近 1∶1 时，街道内的风环境变化幅度最小最稳定，进而给行人提供更舒适的外部空间环境。

不同模式下测点风速变化方差 表 5.4-6

模拟模式	模式 c_1	模式 c_2	原始模式	模式 c_3	模式 c_4
方差	0.20	0.17	0.15	0.20	0.23

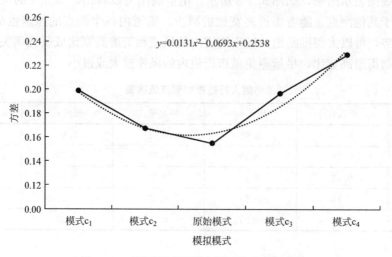

$$y=0.0131x^2-0.0693x+0.2538$$

图 5.4-6 不同模式下测点风速变化波动幅度

5.5 结论

综合城市多层高密度街区街道空间布局的三个量化参数，从量化参数大小发生变化时，各个测点相对应的风速变化可以看出，界面密度这一要素对于街道风环境的稳定性影响最为明显。随着界面密度的不断减小，城市街道内各个测点的波动幅度越来越大，这样会让在街道中行走的行人感受到强烈的风速变化，导致其舒适度大为下降。

在其他条件均稳定不变的前提下，街道贴线率的变化并不会造成街道内风环境整体稳定性的相关性变化，使得街道内不同位置的风环境有差异性的原因主要还是所处区域位置不同。当街道贴线率为70%时，城市街道内风速较大，有利于通风和空气质量更新。随着街道高宽比的减少，街道内各个测点的风速也都逐渐增大，大致呈反比例关系。在高宽比接近1∶1时，街道内的风环境变化幅度最小最稳定，可以给行人提供更舒适的外部空间环境（表5.5-1）。

街道空间布局量化参数与风环境相关性汇总　　　　　　　　　　　　表 5.5-1

街道量化参数	街道内的风速稳定性	街道内风速
贴线率	无明显相关性	70%风速最大
界面密度	负相关,值越大越不稳定	无明显相关性
高宽比	1∶1时最稳定	负相关,值越大风速越大

以上的研究结论，将为城市设计者在设计之初提供一个重要的参考和评价依据，有效地指导城市设计，避免未来可能出现的风环境问题，为学界提供可用于建筑设计和城市设计的量化指标。

第6章　对高层建筑布局的三个设计问题的解答

6.1　高层建筑群朝向的选择

随着世界人口剧增，用地不足的问题已经越发明显，而解决用地不足问题的最主要途径就是建造高层建筑或者超高层建筑。在现有中国设计规范上，针对高层建筑的规范大多局限于消防规范、日照间距，而没有考虑地区范围内建筑分布可能造成风环境不佳的问题。随着此类风环境问题的日益突出，例如相邻高层建筑群产生的强气流在冬季使行人感到不适，在多风季节引发危险；不合理的建筑布局或建筑体形造成室外静风区，在春秋季节不利于污染物、废气扩散，夏季不利于散热。因此，有必要从室外风环境视角出发探讨高层建筑群的平面布局问题。

前面已经提到，目前，建筑群周围风环境的相关研究主要通过现场实测、风洞试验和计算机模拟三种方法。Murakami 在 1986 年发文认为采用雷诺时均方法的数值模拟，能够在确保模拟精度的前提下充分利用有限的计算资源，更能适应建筑环境相关研究。风场实验证明，高层建筑建筑平面分布影响最大的是近地面风，也就是人行高度附近的风场，因此小区域范围内高层建筑分布对于人行高度上的风环境的影响是很明显的，而行人高度的风环境影响着周围道路人群的舒适性与安全性，同时对于建筑周围的污染物扩散与散热也有很大的影响，因此在从风环境层面考虑高层建筑总平面关系是十分有必要的。

Michele. G. Melaragno 在影响城市建成街区风环境的因素方面做了大量研究，指出建筑高度和宽度、街道的朝向是控制城区街道风环境的主要因素；Stathopoulos 对某单体建筑和两个并排建筑的风环境进行了研究；2008 年 Tetsu 实验研究了建筑密度对行人高度平均风速的影响。总的来看，目前对于中等尺度下的城市布局与风环境研究，主要侧重于建筑密度以及简单布局情况下的建筑风环境的分析，在真正进行地块规划设计时，经常由于用地紧张，以及对于日照间距、防火间距的考虑，导致高层建筑群各单体的位置已大致固定，无法进行太大的改动，因此相关研究的成果无法满足城市建设项目的复杂性和多样性需求。这些研究也没有考虑针对建筑群在现有位置大致确定的情况下，建筑朝向对于风环境的影响进行较系统的分析与评判。本章通过分析和比较 8 种在高层建筑群各个单体建筑位置确定的情况下不同朝向对于人行高度上的风速比和风向分析图，得到风环境优劣状况与建筑朝向之间的关系。

6.1.1 地区模型的建立以及风环境模拟

1. 实测过程

通过对日常天气风速数据的研究及实地问卷调查结果分析，发现冬季风速过大问题在钱江新城比较突出。因此，选择冬季风向频率最高的典型日，在该地块内安排 8 个人，每人负责一个测点，用风速仪同时记录室外行人高度（1.5m）的风速。由于实际风速不稳定，因此每人每隔 1min 记录一次，测量总时长为 20min，共获取 20 个风速测量值。从中得到风速测量最大值和最小值，并将 20 个风速值的平均值作为测点的实际风速值；与此同时，测量人员记录测点的风向。

2. 模拟边界条件设定

根据前面对风环境模拟软件 PHOENICS 的介绍，对模拟边界条件的设定和模拟区域的大小的阐述，结合《中国建筑热环境分析专用气象数据集》，模拟总标准高度 Z_G 设定为 400m，该高度处 U_G 为 13m/s，α 为 0.25。湍流强度假定为地面 52m 以上 12%。

3. 模拟区域大小

目前关于计算机模拟区域大小并没有明确要求。Chang 等人建议建筑模型与模拟区域边缘的距离至少 5 倍于建筑模型高度。根据前面的介绍，本节在模拟时采取"试错法"，最终确定的模拟区域为 575m（长）×465m（宽）×250m（高）。

4. 建筑模型设定

建筑模型中的 6 幢等高建筑均按照实际地块（图 6.1-1）上的建筑平面面积建立，分别标记为 A、A′、B、B′、C 和 C′。《建筑设计防火规范》GB 50016—2014（2018 年版）对于高层建筑之间的建筑间隔有着明确的规定。本节从实际角度出发，在不违反防火规范的前提下，同时，根据 Xie 与 Yang 的研究，高层建筑群群体设计时应该尽量避免形成"风漏斗效应"以及"狭管效应"。另外由于 A、A′与其他四幢建筑相距较远，且有马路贯

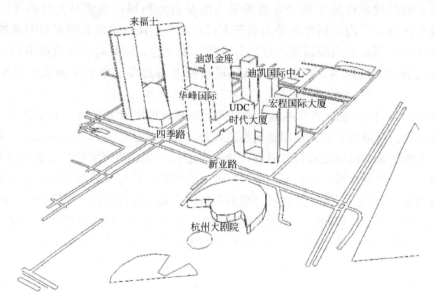

图 6.1-1 实际地块建筑群

穿，因此在建筑朝向布局设计时暂时不考虑。利用穷举法，在原有平面（图 6.1-2）的基础上，列举了 8 种不同的建筑朝向布局，根据旋转角度不同，分别命名为 10°-0°型、10°-5°型、15°-0°型、15°-5°型、20°-0°型、20°-5°型、25°-0°型、25°-5°型（图 6.1-3）。

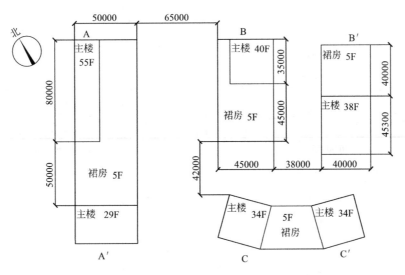

图 6.1-2　原建筑群体平面布局（mm）

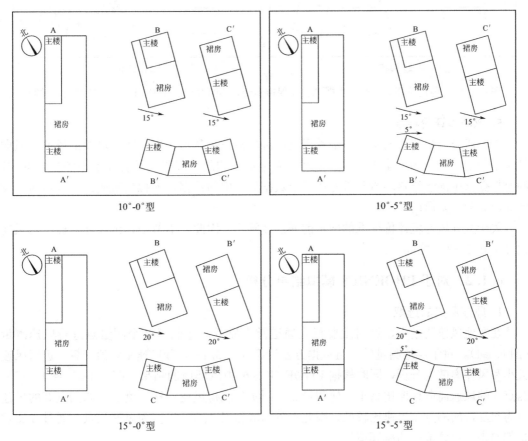

图 6.1-3　8 种建筑朝向布局（主楼 A、A′保持不变，不断改变主楼 B、B′、C、C′朝向）

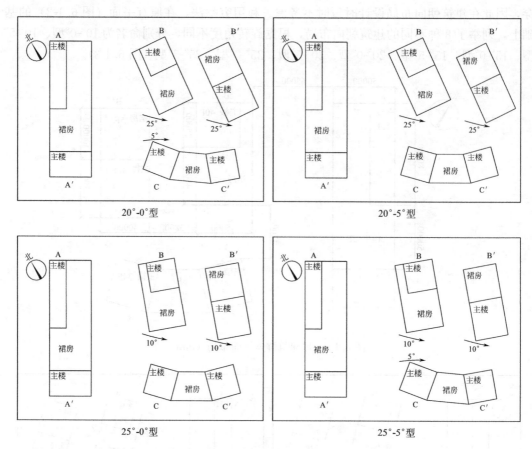

图 6.1-3　8 种建筑朝向布局（主楼 A、A′保持不变，不断改变主楼 B、B′、C、C′朝向）（续）

5. 风环境评价标准

本节研究的是典型的中国东部季风气候区的建筑风环境。在真实环境中的风速、风向处于不稳定状态，同时建筑实地周围并没有地形影响的情况下，结合在实地测量的数据，同时根据《中国建筑热环境分析专用气象数据集》中的数据，模拟建筑周围风环境时，设定北西北为主要风向。

关于室外风环境评价标准的确定前面已经阐明，因此，本节中评价风环境标准为风速比介于 0.5～2.0 之间。

6.1.2　对于 PHOENICS 模拟结果分析

1. 风速测点的选取

在实地风速测量中，针对主要行人通道及人流量，选取了 8 个测量点进行风速测量（图 6.1-4），对于实地测量的大量数据方差计算（表 6.1-1）和风速平均值计算，进行风速大小和风速离散比分析，同时根据 PHOENICS 模拟风环境的结果（图 6.1-5～图 6.1-7），测点 3 的风速离散程度比高于其他测量点，同实际测得风速一样，测点 2 和测点 3 的风速较为紊乱，而测点 4 风速比较低，因此本节选取测点 2、3、4 作为风速测点，通过改变建筑朝向来优化该地区的风环境。

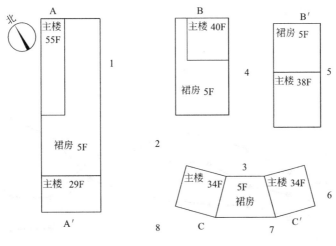

图 6.1-4　测点分布

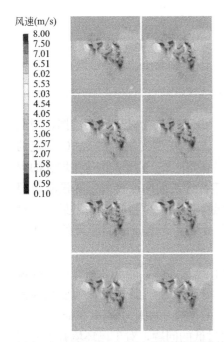

图 6.1-5　原建筑布局风环境模拟图

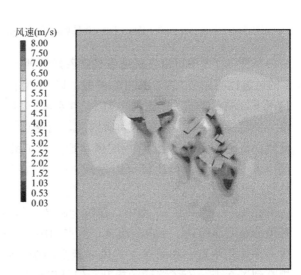

图 6.1-6　8种典型布局的风速分布图

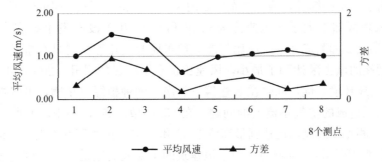

图 6.1-7　实际测量平均风速与离散程度

2. 测点 2、3、4 结果分析

图 6.1-8 给出了在各建筑朝向下室外人行高度（1.5m）处的风速比等值线图。

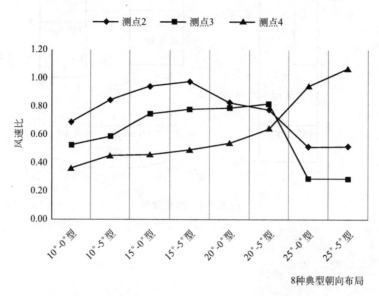

图 6.1-8　8 种朝向布局中测点 2、3、4 风速比

从图 6.1-8 中可以直观地看到随着建筑朝向的改变，由于建筑物对于风的遮挡，测点 4 的风速比明显增大了。以 10°-0°型、15°-0°型、20°-0°型、25°-0°型为例，在 C、C′固定的情况下，测点 4 的风速比大小为 10°-0°型＜15°-0°型＜20°-0°型＜25°-0°型。风速比增大的程度，随着建筑旋转角度的增大而增大，而测点 2、3 在随着建筑朝向改变时，并没有按照此规律，测点 2 是在 15°-5°型时风速比达到了最大，测点 3 在 20°-5°型时达到了最大。对同一方案各测点进行比较可以发现，C、C′在建筑朝向改变后，测点 2、3、4 的风环境略优。

在 10°-0°型和 10°-5°型中，建筑物旋转 10°，相对原有建筑朝向，测点 2 和测点 3 的风环境分布明显得到了一定的改善，测点周围的风速变化降低，由测点周围的风速变化的减少，来优化测点 2 和测点 3 的风速紊乱问题。而测点 4 的风速比相比于原有布局的 0.38 提高到了 0.45，有了略微的提升，但是仍然存在风速比过低的问题，对于风环境有了一定的优化，在建筑间距允许的情况下，可以进一步优化。在 15°-0°型、15°-5°型中，测点 2 的风环境分布有了一定的提升，测点 3 东西侧的风环境也得到了进一步的优化，但是测点 4 上下两端的风影区却扩大了，风速比为 0.46 和 0.49 几乎没有发生改变。在 20°-0°型、20°-5°型中，测点 2 和测点 3 的风速比与前 4 种布局形式几乎相同只有略微的降低，但是测点 4 上下两端的风影区达到了最小，风速比也有了明显的提升，20°-0°型与 20°-5°型相比，20°-5°型的风环境更优，同时在 B 建筑下靠南一侧种植绿色植物，可以更进一步解决由于风速比较低造成的空气不流通的问题。在 25°-0°型、25°-5°型中，测点 2 的风速比为 1.03 和 1.08，测点 4 的风速比达到最高值 1.02 和 1.07，风影区基本消失，但是却在测点 3 形成了大范围的风影区，而测点 3 位于该建筑的主要人流通道，对于该地区的实际使用人群形成了负优化。

对于测点 2，建筑朝向改变时，测点 2 的风速比改变幅度并不大，但是测点 2 南北两侧的风环境分布有明显的提升，在 10°-5°型和 20°-5°型中，风环境分布最为适宜。对于测点 3，随着建筑旋转角度的逐步增大，该点风速比逐渐减小，但是过低的风速比会导致建筑物周围的空气不流通，无法起到优化的作用，因此可以得出，测点 3 的风环境在 15°-0°型、15°-5°型和 20°-5°型最为适宜。对于测点 4，其主要的问题为由于建筑物的遮挡所形成的风影区，通过建筑朝向的改变，增加空气的流通，在 20°-5°型、25°-0°型和 25°-5°型中达到最优。因此对于该地区建筑的朝向的优化应该遵循 20°-5°型。

在进行该地区模拟时，我们可以发现在建筑 C、C′相同的情况下，关于测点 2、3、4，B、B′旋转角度与风速比是呈现抛物线变化的。通过计算散点图分布情况，然后进行曲线拟合，可以得到一条在"凹"字型建筑群平面上关于旋转角度 x（取值范围为 $-90°\sim90°$）与人行高度风速比 y 的变化的曲线（图 6.1-9）。测点 2、3、4 的公式分别为：

测点 2：$y = -0.0057x^2 + 0.1854x - 0.5887$ (6.1-1)

测点 3：$y = -0.0072x^2 + 0.2387x - 1.1583$ (6.1-2)

测点 4：$y = 0.0031x^2 - 0.0716x + 0.7873$ (6.1-3)

曲线公式表明，对于测点 2 和测点 3，y 随着 x 的值先增大后减小。当 x 取值为 16.3 和 16.6 时，y 值达到最大，随后随着 x 值的增大而减小，而测点 4 在 x 取值为 11.4 时，y 值达到最小值，在 $x > 11.4$ 时随着 x 值的增大而增大。

利用该公式，可以发现在 B、B′旋转 20°-25°时，C、C′旋转 0°-5°的情况下，该地区的风环境会有一个比较合理的风速比。

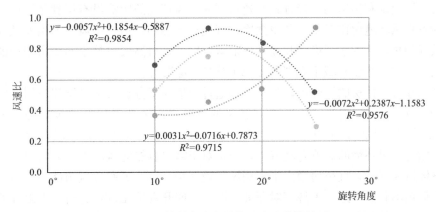

图 6.1-9 旋转角度与平均风速比曲线关系

6.1.3 结论

在本节中，通过改变建筑群中单体建筑的朝向，得到 8 种不同的建筑朝向布局类型。通过对比在行人高度（1.5m）处的风速比和测点周围的风环境分布情况，得到在仅改变建筑朝向下对于该地区风环境优化的最优解。具体如下：

（1）对于该地区，在 20°-5°型时对于建筑群周围的风环境有较大的改善。

（2）在建筑群存在凹字形平面时，对于本章节所选取的 2、3、4 个测点，竖排建筑旋转角度与测点的风速比存在二次函数关系分别为：

测点 2: $y=-0.0057x^2+0.1854x-0.5887$ (6.1-4)

测点 3: $y=-0.0072x^2+0.2387x-1.1583$ (6.1-5)

测点 4: $y=0.0031x^2-0.0716x+0.7873$ (6.1-6)

（3）在建筑旋转过程中，建筑的背风面始终会形成风影区，结合周围建筑，适当的旋转角度会形成最小的风影区。

以上结论为高层建筑群布局规划提供了明确的参考意见。相较于其他已有研究，本章节的独特性在于：

（1）对于现有国家用地紧张的情况进行了一定的考虑。在不改变建筑分布的情况下，对中等尺度内高层建筑群周围人行高度处的风环境进行优化。

（2）分析中发现了凹字形建筑群平面，建筑周围风速比与旋转角度之间的关系，并提出了相关的一元二次函数。

（3）模拟中考虑了测点周围的风环境变化情况，同时对室外景观的配置提出了优化建议。

6.2 高层建筑主楼和裙房布局相关性

在当前有限的土地资源条件下，以高层建筑为主附加裙房的形式，因占地面积小利用率高，同时又可以带来较高的商业附加值，已成为城市发展过程中常见的建筑形式。

高层建筑同时也存在许多问题，日照间距和消防要求在规范中有要求，已得到充分的考虑，而高层建筑和裙房的连接方式对建筑群周围风环境的影响没有得到足够的重视，由此带来的不良风环境比比皆是，冬季强冷空气使行人感到不适，多风季节引发危险；夏季室外静风区闷热，不利于污染物和废气的消散。因此，对高层建筑不同裙房布局的风环境的研究从人身安全角度和城市规划角度都十分具有必要性。

在高层建筑与裙房的研究中，吴义章等通过数值模拟方法对某高层建筑周围的行人高度风速场进行了计算，对行人在不同状态下的风环境舒适性做出了评价并提出了控制措施。Tsang 等通过风洞试验法从建筑规模、间距和裙房方面对高层建筑人行区域进行研究，得出裙房对风环境的影响有利有弊，但是对于需要自然通风的地区来讲是不利的，加裙房后整体风速降低，且裙房增大了不利风环境区域。Dye 等通过风洞试验得出裙房的存在可以降低最不利点风速。王辉等对深圳前海三、四开发单元进行分析，得出开发单元风环境主要受到建筑朝向、建筑平面形式、建筑体量、建筑立面构成、沿街裙房立面细部要素的影响。其中讨论了不同裙房平面对风环境的影响，得出选取边角越光滑的裙房，对风环境影响越小。

总体来看，国内目前对于高层建筑裙房的研究多集中于有无裙房和裙房的荷载与振动上。针对某一地块，结合当地法规、周边建筑、植被与地貌，探究裙房形体尺寸的改变及其与高层建筑主体的联结方式是否会对当地风环境造成影响的研究并不深入。

本次研究中，将分析杭州钱江新城高层建筑聚集区中的风环境问题。选择问题最突出的区域，以某单体建筑为例，探究单一高层建筑裙房形体尺寸和主楼的连接方式对人行区域风环境的影响。

6.2.1 地区模型的建立与风环境模拟

1. 实测过程

用地位于杭州市钱江新城（图6.2-1），介于富春路和剧院路之间，北邻丹桂街，南邻新业路。常年夏季风为西南风，冬季风为西北风。通过对地块内日常天气风速数据的研究及实地问卷，发现夏季风环境问题在钱江新城四季路地块比较突出，局部风速过大或是出现闷热静风区。因此，选择夏季风向频率最高的典型日，安排8个人员分布在该地块内。每人负责一个测点，用风速仪同时记录室外行人高度（1.5m）处的风速。所采用的风速仪型号、量程、精度见表6.2-1。由于实际风速不稳定，因此每人每隔1min记录一次，测量总时长为30min，每一个测点获取30个风速测量值。

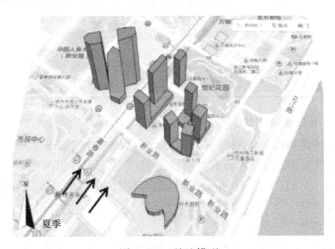

图6.2-1 基地模型

风速仪参数表 表6.2-1

是否进口	是	品牌	Testo/德图
型号	Testo425	测量范围	0～+20m/s
测量精度	±(0.03m/s+5%测量值)	分辨率	0.01m/s
风速	0.01m/s(m/s)	质量	0.285(kg)

2. 模拟边界条件的设定

根据前面对模拟边界条件的设定和模拟区域的大小的阐述，结合欧洲COST和日本AIJ关于建筑物周围人行风环境的CFD模拟实际应用指南，如表6.2-2所示，再结合《中国建筑热环境分析专用气象数据集》，设定模拟中标准高度Z_G为400m，该高度处平均风速U_G为13m/s，α为0.25。湍流强度为地面52m以上12%。入口边界条件根据《中国建筑热环境分析专用气象数据集》中的数据，调整计算域入口方向为浙江杭州夏季室外主导风向南西南，入口风速参考杭州冬季室外10m高度的基准风速，为2.5m/s。出口边界条件：采用自由边界，静压为0Pa。地面粗糙度设置根据周边实际以及规划情况，地面粗糙度指数取0.35。

建筑室外风环境模拟技术要点表 表 6.2-2

对象	技术要点
模型简化	忽略建筑物微小凹凸处,而将形状近似为立方体的建筑物简化为具有规则形状的立方体
计算区域确定	计算域入口距最近侧建筑边界满足 5,顶部边界满足 $5H$,其中 H 为目标建筑高度
网格划分方法	2 个连续网格之间的膨胀率应低于 1.3;网格最小分辨率应该设为建筑规模的 1/10,区域内包括目标建筑周围的评估点
边界条件制作	①进口边界:给定入口风速按照符合幂指数分布规律进行模拟计算,有可能的情况下入口的 k、ε 值也应采用分布参数进行定义。②出口边界:设置为自由出流边界条件。假定出流面上的流动已充分发展,流动已恢复为无建筑物阻碍时的正常流动,可将出口压力设为大气压。③顶部及侧面边界:顶部和两侧面的空气流动几乎不受建筑物的影响,可设为自由滑移表面或对称边界。④地面边界:对于未考虑粗糙度的情况,采用指数关系式修正粗糙度带来的影响;对于实际建筑的几何再现,应采用适应实际地面条件的边界条件;对于光滑壁面应采用对数定律
迭代收敛标准	连续性方程、动量方程的残差在 10^{-4} 以内,方程的不平衡率在 1% 以内,流场中有代表性监视点的值不发生变化或沿一固定值上下波动

3. 模拟区域大小与建筑网格划分

按实际三维尺寸建立模型,如图 6.2-1 所示。场地大小 658m(长)×723m(宽)×250m(高),根据表 6.2-2 的技术要点,模拟的建筑群位于模拟区域的中心位置。因此模拟区域大小为 3250m×3160m×1500m。网格划分同样参考表 6.2-2 的技术要点,建筑人行区域处进行局部加密。

4. 风环境评价标准

本节研究的是典型的中国东部季风气候区的建筑风环境。在真实环境中的风速、风向处于不稳定状态,同时建筑实地周围并没有地形影响的情况,结合在实地测量的数据,同时根据《中国建筑热环境分析专用气象数据集》中的数据,在模拟建筑周围风环境时,设定北西北为主要风向。同时根据前面章节提出的关于风环境评价标准的阐述,本节中评价风环境标准为风速比介于 0.5~2.0 之间(图 6.2-2)。

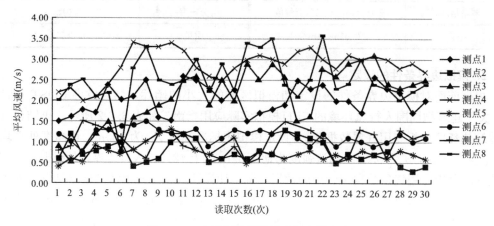

图 6.2-2 实际测量平均风速与离散程度

　　图 6.2-3 为 PHOENICS 的模拟结果，可见模拟结果与现场实测数据相符，证明模拟结果较为准确。将 PHOENICS 模拟图中建筑背风侧风速急剧减小且风向发生偏转的区域定义为建筑风影区。根据图 6.2-3 可知，有裙房建筑周边风环境较无裙房建筑更为复杂，波动值却明显更小，说明由于裙房的遮挡，使得周边无风区域增多（如测点 1、2、3 与测点 4、5、6 的对比）；而同为有裙房的建筑，周边风环境状况差异较大，风影区大小与长短也不同。（如测点 4、5 与测点 7、8 的对比）该现象形成的原因可能是底部裙房和建筑核心体之间的连接方式的不同和裙房规模尺寸不同，如裙房与主楼的位置、裙房高度、裙房迎风面宽度、裙房进深的不同。

　　综上，由于测点 6 西北侧高层建筑周边风环境变化显著且裙房平面较为规整，因此选择该建筑作为主要研究对象，来探究裙房形式对建筑周边人行高度处风环境的影响。

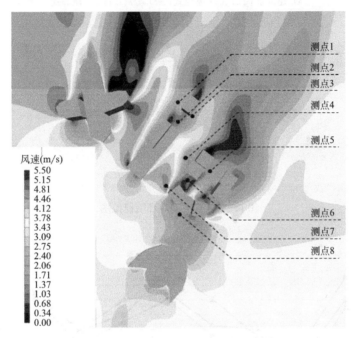

图 6.2-3　原建筑风环境模拟图

6.2.2　主楼与裙房连接方式的影响

　　图 6.2-4 为原建筑平面尺寸图，在便于研究的基础上统一原建筑柱网为 7.8m×7.8m，保持主楼位置、尺寸与底部裙房面积基本不变，将原主楼与裙房的布局模式设定为基座式。改变裙房与主楼的连接方式，形成分离模式与毗邻模式，如图 6.2-4（b）～（d）所示。建筑风向为夏季西南风，重新选择建筑入口，拐角处与人行区域共 8 个风环境较为复杂的测点作为研究对象，并在 PHOENICS 中模拟得到结果，如图 6.2-5 所示。

　　通过图 6.2-6 观察三条曲线走势，整体风速比：基座式＜分离式＜毗邻式。曲线缓和程度：毗邻式＜基座式＜分离式。基座式裙房周围整体风速均匀但平均风速比低，风影区最长，不利于夏季散热与污染物消散；分离式裙房对于降低建筑周边风速效果最明显，但周围风场最为复杂且风影区最大，易形成涡流区，不利于行人活动；毗邻式风影区小，风

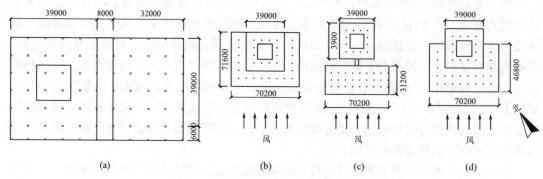

图 6.2-4　基座式、分离式与毗邻式三类型建筑平面布局（mm）

(a) 建筑原平面；(b) 基座式；(c) 分离式；(d) 毗邻式

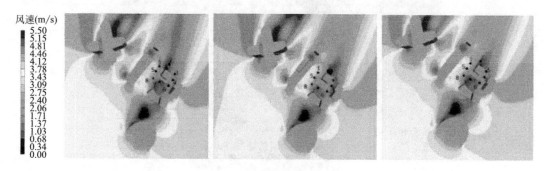

图 6.2-5　三类型风环境模拟图

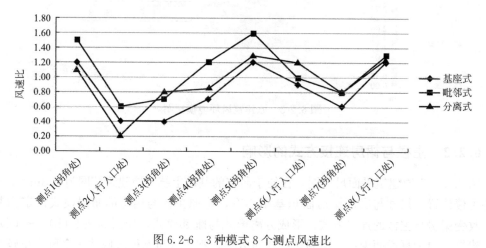

图 6.2-6　3 种模式 8 个测点风速比

速均匀，利于提升风环境质量。

　　综上所述，对于杭州高层建筑密集地块，毗邻式裙房在一定程度上属于较优裙房方案，基座式裙房为钱江新城地块最常见的裙房形式，故对以上两种布局进一步研究，供设计者优化当地风环境。

6.2.3　基座式和毗邻式裙房位置、高度、规模与尺寸对风环境的影响

原基座式裙房为5层，高24.0m，迎风面宽度70.2m，进深54.6m，主楼高度141m。原毗邻式类房为5层，高24.0m，迎风面方向宽度为70.8m，进深46.8m，主楼高度141m。

1. 基座式、毗邻式裙房位置变化的影响

将裙房与主楼的位置关系分为中心式、偏心式、边缘式三种，原建筑类型属于中心式，现将裙房和主楼的位置关系作为单一变量，选用模拟对象柱跨，裙房往横向各偏移1跨（7.8m）形成偏心式1与偏心式2，同理横向偏移2跨（15.6m）形成边缘式1与边缘式2。基座式与毗邻式裙房平面布局如图6.2-7所示，经过PHOENICS模拟，并统计结果，2种平面形式8个测点的风速比如图6.2-8所示。

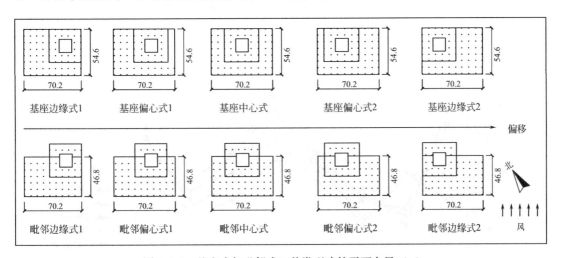

图 6.2-7　基座式与毗邻式5种类型建筑平面布局（m）

结果分析如下：

通过PHOENICS模拟结果，可知基座式与毗邻式裙房布局存在以下共同规律：当裙房由边缘式1偏移为边缘式2的过程中，毗邻式与基座式的风影区宽度均由窄变宽，风影区长度由短变长，风影区形状向着裙房移动反方向扭曲，扭曲程度：毗邻式＞基座式。建筑风影区宽度：边缘式1＜偏心式1＜中心式＜偏心式2＜边缘式2。建筑风影区长度：边缘式1＜偏心式1＜中心式＜偏心式2＜边缘式2。

观察2类布局5条曲线走势（图6.2-8），总体风速比毗邻式均优于基座式，曲线和缓程度：基座式＞毗邻式。存在以下共同规律：当裙房由边缘式1偏移为边缘式2，风速比：边缘式1＞偏心式1＞中心式＞偏心式2＞边缘式2。其中毗邻式布局中边缘式1与偏心式1的风速比均在1.5左右，风环境满足舒适性需求，得到了相应优化。

综上，对于杭州高层建筑密集地块，不论是基座式裙房布局还是毗邻式裙房布局，裙房的偏移利于改善建筑周边风环境，风影区形状向着裙房移动反方向扭曲，扭曲程度：毗邻式＞基座式。在实际生活中考虑主楼与裙房的偏移关系时，应慎重考虑当地建筑群布置，结合风环境进行考虑。可选用与主楼合适的偏移关系，同时也要结合建筑周边人群使用的相应功能，将人群活动设施、广场等布置在优化区，在负优化区种植绿化和植被，进

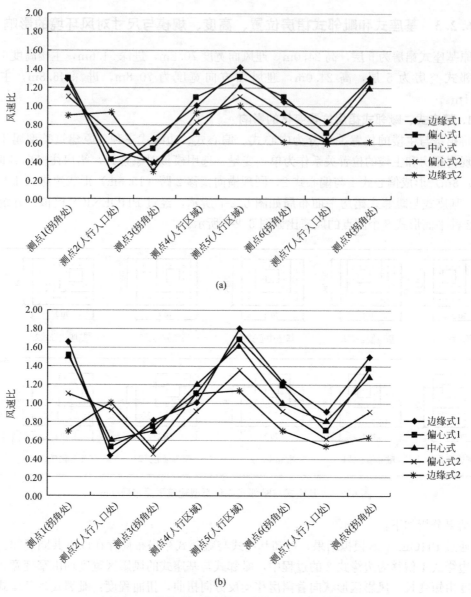

(a)

(b)

图 6.2-8　基座式、毗邻式 3 种模式 8 个测点风速比
（a）基座式 3 种模式 8 个测点风速比；（b）毗邻式 3 种模式 8 个测点

一步解决由于风速比较低造成的空气不流通的问题。

2. 基座式、毗邻式裙房高度变化的影响

根据调研结果，钱江新城地块高层办公楼裙房高度主要分布区间为 2～5 层，因此将裙房高度作为变量，选取 2 层（9.6m）、3 层（14.4m）、4 层（19.2m）、5 层（24.0m）4 种类型高度对基座式与毗邻式裙房建筑进行模拟，利用 PHOENICS 模拟并统计结果。

利用 PHOENICS 模拟及统计结果，得出基座式与毗邻式裙房布局存在以下共同规律：随着裙房高度由 2 层（9.6m）至 5 层（24.0m）的增加，建筑风影区先变短后变长，风影区范围内风速较小区域增多，最小风速主要位于建筑背后风影区，建筑两边风速较大区域面积变大，长度变长。

通过模拟发现，基座式裙房的高度变化对风速比影响不大，但基座式裙房布局与毗邻式普遍存在以下相同规律：整体平均风速比 2 层（9.6m）＜3 层（14.4m）＜5 层（24.0m）＜4 层（19.2m），当裙房层高为 4 层时，整体风环境状况较好。对于风速比增大的程度，当裙房高度由 3 层（14.4m）变为 4 层（19.2m）时，测点 1（拐角处）、测点 5（人行区域）、测点 8（拐角处）风环境状况较好。对于风速比增大的程度，当裙房高度由 3 层（14.4m）变为 4 层（19.2m）时，测点 1（拐角处）、测点 5（人行区域）、测点 8（拐角处）处的曲线有明显的差值，其余曲线之间差值均不明显。

综上所述，杭州高层建筑密集地块裙房无论是基座式还是毗邻式，高度设计范围最好在 15～20m，该地区应尽量避免建造更高的裙房，这是由于裙房高度越高，产生的建筑风影区越大，导致风速降低，不利于污染物的扩散。

3. 基座式、毗邻式裙房迎风面宽度变化的影响

根据调研，钱江新城地块建筑裙房迎风面宽度主要集中在 40～70m 区间内，故将迎风面宽度作为单一变量，原基座式与毗邻式裙房为 9 跨（70.2m），两边各偏移一跨，选用模拟对象柱跨，选取 5 跨（39.0m）、7 跨（54.6m）建模，利用 PHOENICS 模拟并统计结果。

利用 PHOENICS 模拟，可以发现随着裙房迎风面宽度由 5 跨（39.0m）至 9 跨（70.2m）的增加，基座式裙房风影区长宽变化不大，毗邻式裙房建筑风影区的长度与宽度随着跨数的增加先增大后变小。统计结果发现存在以下共同规律：整体平均风速比 7 跨（54.6m）＜5 跨（39.0m）＜9 跨（70.2m）。当裙房迎风面宽度为 9 跨（70.2m）时，裙房周围的风环境较好，风速得到提升，风环境状况良好。而对于风速比增大程度，基座式裙房差异不大，毗邻式裙房有如下规律：当裙房迎风面宽度增大时，拐角处风速变化高于人行区域风速变化。此外风速变化有以下规律：迎风面拐角处风速变化＜背风面拐角处风速变化。如当裙房宽度由 7 跨（54.6m）变为 9 跨（70.2m）时，迎风面测点 6 风速比由 0.66 变为 1.00，迎风面测点 8 风速比由 1.15 变为 1.30。而背风面测点 1 风速比由 1.13 变为 1.48，测点 3 由 0.43 变为 0.80。

4. 基座式、毗邻式裙房迎风面进深变化的影响

钱江新城地块建筑裙房进深主要集中在 40～70m 区间内，故将裙房迎风面进深作为单一变量，选用模拟对象柱跨，选取 5 跨（39.0m）、6 跨（46.8m）、7 跨（54.6m）、8 跨（62.4m）、9 跨（70.2m）对基座式与毗邻式裙房建模并模拟，经过 PHOENICS 模拟结果，并统计结果。

利用 PHOENICS 模拟，可以发现基座式与毗邻式裙房存在以下共同规律：随着迎风面进深增加，建筑风影区由长变短，风影区宽度基本保持不变。建筑两侧风速较大区域随着裙房迎风面进深长度增加先增后减。统计发现存在以下共同规律：基座式整体平均风速比 5 跨（46.8m）＜9 跨（70.2m）＜6 跨（46.8m）＜8 跨（62.4m）＜7 跨（54.6m）。毗邻式整体风速比 5 跨（46.8m）＜9 跨（70.2m）＜8 跨（62.4m）＜6 跨（46.8m）＜7 跨（54.6m）。对于风速比增大程度，由曲线走势图可知，风速比增大程度随着裙房迎风面进深增加逐渐变大，在进深 7 跨（54.6m）时达到最大，然后便随着进深增加递减。

通过上述结果分析可得，对于杭州高层建筑密集地块，当裙房迎风面进深长度在 50m、60m 时，最大风速比可达到 1.98，且局部也不出现无风区，风环境状况良好。

6.2.4 结论

对杭州高层建筑密集地块常见的基座式与毗邻式裙房进行深入分析，通过对比在行人高度（1.5m）处的风速比和测点周围的风环境分布情况，得到改变裙房的位置、高度、迎风面宽度、进深下两种裙房类型对于风环境影响的普遍规律。该规律适用于杭州高层建筑密集地块的基座式与毗邻式裙房，主楼高度为110～160m，裙房高度为10～24m，迎风面宽度为40～70m，迎风面进深为40～70m。具体如下：

（1）基座式裙房周围整体风速均匀但平均风速较低，风影区最长，不利于夏季散热与污染物消散；毗邻式裙房风影区小，整体风速均匀，利于提升当地风环境质量。在杭州高层建筑密集地块进行高层办公建筑裙房设计时，毗邻式裙房布局优于基座式。

（2）裙房的偏移有利于提升建筑周边风环境质量，实际考虑裙房与主楼位置关系时，应慎重考虑当地建筑群布置，并结合周边环境与人群使用情况布置，结合风环境选用与主楼合适的偏移关系。

（3）杭州高层建筑密集地块的裙房高度设计范围最好是15～20m，该地区应尽量避免建造更高的裙房，这是由于随着裙房高度增加，风影区的面积也随之增大，不利于空气的流动和污染物消散。

（4）杭州高层建筑密集地块的迎风面宽度约为70m时，裙房周围风环境较好。

（5）对于杭州高层建筑密集地块，当裙房迎风面进深长度在50～60m时，风环境状况最好。此外，本节还为今后研究高层建筑风环境设计提供了指导思想与研究方法，设计者可通过改变裙房的位置、高度，以及迎风面宽度与进深来改善高层建筑人行区域风环境。

6.3 "双子楼"的间距与平面形态

矗立在大城市高耸入云的成对高楼，称之为双子楼或双子塔。在当前有限的土地资源条件下，受到地块面积以及容积率的现实约束，双子楼已经成为城市的新宠及高层办公建筑的主流趋势。相比于普通高层建筑，双子楼更讲究和谐之美，在城市空间布局上具有更强的融合性和极强的表达意向。

但不断涌现的双子楼也存在着许多问题。双子楼有着极大的建筑体量，往往以对称的形式出现。在日照间距和消防要求已成为规范的主要内容的今天，双子楼的平面布局对建筑周边的风环境影响却没有得到充分重视，由此带来的不良风环境比比皆是：双子楼中部通道处因狭道效应引起建筑物外表面局部损坏；建筑转角处风速过大，多风季节引发危险；冬季强冷空气使行人感到不适，夏季室外静风区闷热，不利于污染物和废气的消散。因此，对于双子楼不同平面布局下建筑周边风环境的研究从人身安全角度和城市规划角度上都十分有必要性。

在双子楼建筑风环境的研究中，陈飞对高层建筑产生的一系列风环境问题进行了分析探讨，提出两栋建筑物相距较近时，由于建筑的狭管效应，风量不变，风道变小，气流在此加剧，速度增高。傅小坚等人通过风洞试验模拟了双塔建筑之间的狭缝效应，发现建筑并列布置时，干扰作用只发生在相邻建筑物的侧风面，对相邻建筑物的迎风面影响很小，干扰作用的大小与建筑物的间距有关。吴坤等人通过数值模拟和风洞试验模拟了单幢双子楼表面风压及风环境，发现由于双子楼相互干扰，在某些风向角下，会形成狭管效应和遮挡效应。粟文对对称布置的矩形截面超高层双塔进行了风场数值模拟，双塔之间的干扰主要为并列布置时的遮挡效应和狭道效应。遮挡效应导致双塔狭道两侧的建筑壁面正压大幅降低。

　　总体来看，国内目前关于双子楼平面布局模式对建筑周边风环境的影响研究十分有限，多集中于双子楼结构荷载与表面风压的研究。本节从双子楼两栋主楼的平面形状、间距、夹角以及相对位置关系探究建筑周边人行区域风环境的状况，为双子楼平面设计与规划提供参考依据。

6.3.1　初始模拟对象的建立与风环境模拟

1. 国内双子楼调查表

　　本节通过对国内各地近80座典型的双子楼的调研，获取了建筑边长、夹角、建筑高度（层数）、主楼间距与平面形状五种数据，见表6.3-1。

国内部分双子楼调查表　　　　　　　　　　　　　　表 6.3-1

序号	建筑名	建筑边长（m）	夹角	建筑高度层数	主楼间距（m）	平面形状
1	LG双子座大厦	25×30	0°	140m 30层	25	30 25 25 25
2	厦门双子塔大厦	60×60	0°	300m 64层	100	60 60 100 60 60
3	贵阳花果园双子塔	75×65	45°	334m 64层	50	75 65 50
4	南昌绿地中心双子塔	50×60	0°	303m 60层	60	60 45 50 60
5	长兴世贸大厦	50×25	45°	100m 24层	25	50 25 25
6	湖州东吴国际双子楼	30×50	0°	288m 60层	50	50 30 50 50

序号	建筑名	建筑边长(m)	夹角	建筑高度层数	主楼间距(m)	平面形状
7	郑州绿地双子塔	80×80	0°	280m 60层	120	
8	昆明云投中心·尚苑	40×40	0°	168m 35层	30	
9	桂林金茂中心	40×40	0°	188m 33层	55	
10	无锡银辉中心	40×40	0°	268m 65层	35	
11	复旦大学光华楼	80×50	0°	142m 30层	20	
12	徐汇新漕河径国际商务中心	60×30	0°	133m 38层	50	
13	上海港汇大厦	60×30	45°	225m 51层	30	
14	上海双辉大厦	70×60	0°	220m 49层	70	
15	上海星港国际中心	25×45	0°	263m 50层	50	

续表

序号	建筑名	建筑边长（m）	夹角	建筑高度 层数	主楼间距（m）	平面形状
16	上海环球港	45×45	0°	248m 46层	40	45×45，间距40 两个方形
17	UDC 时代大厦	60×60	20°	138m 32层	20	60×60，夹角20°，间距20
18	浙江财富金融中心	50×60	0°	219m(55层) 149m(60层)	50	椭圆100×50，间距50，圆60
19	杭州尊宝大厦	35×35	0°	160m 37层	50	40×40，间距50，20
20	世包国际中心	50×50	0°	180m 45层	30	50×50，间距30，45
21	中环世贸中心 C/D 座	50×40	0°	126m 36层	40	50×40，间距40
22	上海中融恒瑞大厦	40×40	0°	98m(20层) 123m(26层)	30	40×40，间距30
23	上海新源广场	50×20	30°	148m 38层	40	50×20，夹角30°，间距40
24	芜湖世茂滨江中心	35×35	0°	99m 26层	40	35×35，间距40，20

序号	建筑名	建筑边长 (m)	夹角	建筑高度 层数	主楼间距 (m)	平面形状
25	北京中海广场	50×50	0°	126m 36层	15	
26	安庆绿地新都会	50×35	45°	162m 36层	20	
27	南京北纬国际中心	50×40	0°	100m 23层	60	
28	南京烽火科技大厦	50×30	45°	99m 27层	30	
29	山西国际贸易中心	50×50	0°	166m 41层	40	
30	北京乐成中心	50×50	0°	116m 26层	40	
31	重庆力帆红星国际广场	55×55	0°	150m 37层	20	
32	杭州建工欧美金融城A-B座	20×40 30×50	0°	220m 47层	20	
33	天津国银大厦	50×50	0°	96.6m 27层	40	

序号	建筑名	建筑边长 （m）	夹角	建筑高度 层数	主楼间距 （m）	平面形状
34	天津富力中心	55×65	0°	205.7m 54层	30	
35	天津城市大厦	40×30	0°	137.6m 36层	40	
36	天津诚基经贸中心	100×40	0°	162m 50层	80	
37	广州东洲大厦	25×40	0°	98m(26层) 123m(31层)	20	
38	沈阳华丰嘉德广场	40×60	0°	220m 52层	60	
39	沈阳福佳金融大厦	60×40	0°	198m 45层	40	
40	厦门特房波特曼财富中心	55×55	0°	214m 48层	100	

2. 双子楼平面布局类型与比例调查结果

从表 6.3-1 中可以发现双子楼设计时的普遍规律：双子楼两座主楼平面尺寸与建筑高度往往都相同，这不仅是为了体现双子楼对称和谐的美感，在上部有连廊或是通道连接时也有利于提升结构的稳定性。

表 6.3-2 展现了五类数据各自的占比情况分布。双子楼最常见的平面形式为两个对称的方形主楼平面，这不仅有利于城市的街道规划，对建筑自身而言，有利于结构施工，提升建筑经济性与面积利用率。

双子楼五项数据占比情况表　　　　　　　　　　　　　　表 6.3-2

平面形状	正方形	长方形	三角形	平行四边形	圆形	异形			
数量	34	28	4	4	2	8			
占百分比	42.50%	35.00%	5.00%	5.00%	2.50%	10.00%			
主楼间距	20m及以下	21~30m	31~40m	41~50m	51~60m	61~70m	71~80m	81m及以上	
数量	7	23	20	12	3	2	4	4	
占百分比	8.75%	28.75%	25.00%	15.00%	10.00%	2.50%	5.00%	5.00%	
建筑边长	30m及以下	31~40m	41~50m	51~60m	61~70m	71m及以上			
数量	3	24	28	16	4	5			
占百分比	3.75%	30.00%	35.00%	20.00%	5.00%	6.25%			
建筑高度	100m以下	101~120m	121~140m	141~160m	161~180m	181~200m	201~220m	221~240m	240m及以上
数量	3	10	11	19	17	4	5	4	7
占百分比	3.75%	12.50%	13.75%	23.75%	21.25%	5.00%	6.25%	5.00%	8.75%
层数		30层及以下	31~40层	41~50层	51~60层	61~70层			
数量		18	24	18	12	8			
占百分比		22.50%	30.00%	22.50%	15.00%	10.00%			
夹角	0°	1°~10°	11°~20°	21°~30°	31°~40°	41°~50°	51°~60°	61°~70°	
数量	63	0	2	2	0	10	2	1	
占百分比	78.75%	0.00%	2.50%	2.50%	0.00%	12.50%	2.50%	1.25%	

此外，受地块与限高的影响，城市内大多数双子楼建筑高度通常在 160m 左右，边长通常在 40m 左右，两主楼间距一般为 40m 左右，夹角通常为 0°，且两主楼互相平行排布的方式最为常见。

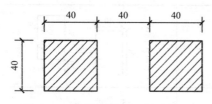

图 6.3-1　初始模拟对象尺寸（m）

3. 双子楼初始模拟对象的建立

根据调查结果，设定初始模拟对象如图 6.3-1 所示：建筑为两个 40m（长）×40m（宽）×160m（高）的长方体。间距为 40m，平行放置。由于双子楼底部裙房情况较为复杂，且裙房高度相对于整个建筑而言可以忽略。因此本节的讨论不考虑裙房的影响。

4. 风环境模拟方法

本节采用的是计算机模拟法，使用 PHOENICS 软件来进行模拟。国外通过计算机数值模拟法来研究高层建筑风环境的学者很多，Jian Hang 等通过 CFD 计算机数值模拟和风洞试验法在不同街道高宽比和建筑面积密度的条件下模拟了高层建筑风环境。Andy T. Chan 等人通过数值模拟法，探索街道建筑的长宽高对污染物扩散的影响。

5. 模拟边界条件设定

本节的讨论不考虑地区，为理想化环境，根据前面章节对 PHOENICS 的模拟边界条件设定要求。设定初始风速 3.0m/s，方向为正南风向。出口边界条件采用自由边界条件，静压为 0Pa。根据周边实际以及规划情况，地面粗糙度指数取 0.25。

6. 模拟区域的大小与建筑网格划分

按实际尺寸创建模型，场地大小 245m（长）×250m（宽）×150m（高），将长、宽各扩大 3 倍，使得模拟的建筑群位于模拟区域的中心位置。因此本节中模拟区域大小为 900m×800m×500m。网格划分均匀，如图 6.3-2 所示，在建筑与人行高度 1.5m 处进行局部加密。

7. 风环境评价标准

前面章节已经提到，风环境的评价通常要遵循三个原则，即舒适性原则、安全性原则以及节能原则。

舒适性原则下，无风状态会令人不舒适，需要一定风速，防止体感温度升高；

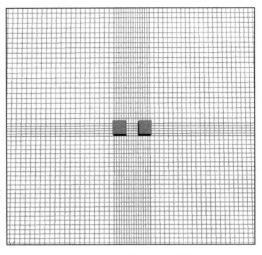

图 6.3-2　建筑模型与网格划分图

当周围温度较低时，过大的风速使人体感温度下降，感到不舒适。

安全性原则下，由于建筑过高而产生的风速放大、边角强风、峡谷效应等危害，使局部地区产生较为恶劣的风环境问题，容易导致行人在行走时受到伤害。

节能也是高层建筑空间风环境适应性的重要评价原则之一，高层建筑背部的大面积风影区，室内开窗达不到自然通风的标准，借助空调将消耗大量能源，因此在平面布局时，考虑这三类原则十分具有必要性。

Simiu 等人根据现场测量、调查统计和风洞试验的大量数据，考虑不同风速和气流分布影响范围，来考虑人行高度处风速与人体舒适度关系，主要指标见表 6.3-3。

人行高度处风速与人舒适度　　　　　　　　　　　表 6.3-3

风速(m/s)	人的感觉
<5	舒适
5~10	不舒适,行动受影响
10~15	很不舒适,行动受到严重影响
15~20	不能忍受
>20	危险

研究结果表明，建筑物周围人行区 1.5m 处风速宜低于 5m/s，以保证人在室外的正常活动。

同时，人的不舒适度还与不舒适风（V>5m/s 时）出现的频率有关：出现频率<10%，行人不会抱怨；10%<出现频率<20%，行人抱怨开始增多；出现频率>20%，应采取措施减小风速。

前面章节已经阐明，在实际室外环境中，通过比较风速绝对值来比较不同建筑群布局是比较困难的，因为每个布局的初始来风的风速就已经不同。因此，研究人员大都用风速比来衡量建筑布局对风环境的影响程度。因此，本节中评价风环境标准为最大风速低于 5m/s，风速比介于 0.5~2.0 之间。

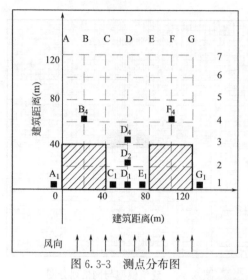

图 6.3-3 测点分布图

8. PHOENICS 模拟结果

本节选取风环境最不利的建筑拐角、中部通道、风影区作为测点（以初始对象为例），如图 6.3-3 所示。根据双子楼建筑平面划分分析网络。

A、C、E、G、1、3 控制建筑外边，D轴为双子楼中部通道中轴。4 轴位于双子楼风影区。A_1、G_1 为迎风面建筑外侧角点，C_1、E_1 为迎风面建筑内侧角点，D_1、D_2、D_3 为中部通道处风速测点。B_4 与 F_4 为两栋主楼风影区测点。图 6.3-4 为 PHOENICS 模拟结果。

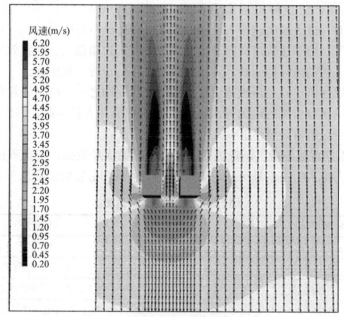

图 6.3-4 PHOENICS 模拟结果

6.3.2 双子楼平面形状对风环境的影响

根据表 6.3-2 的统计结果，双子楼的平面形状主要有：正方形、长方形、三角形、平行四边形、圆形、异形。为了便于研究，本节只讨论正方形、三角形、圆形、平行四边形与扇形的主楼平面形状。

在建筑面积（1600m^2）、主楼高度（160m）、两主楼间距（40m）相同的情况下，各形状的平面尺寸与测点分布如图 6.3-5 所示。

5 类形状 PHOENICS 模拟结果由图 6.3-6 所示，5 类形状的风速比如图 6.3-7 所示。从图 6.3-6 和图 6.3-7 可以得出，相同的建筑面积下，不同平面形状的双子楼对风环境影

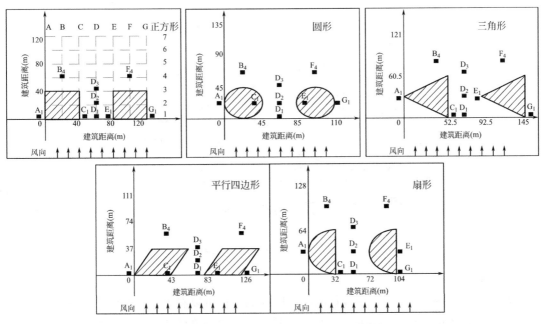

图 6.3-5　5 类形状平面尺寸与测点分布

响是不同的，从平均风速比看，5 种不同主楼平面风环境模拟结果相差不大。最小平均风速比出现在三角形主楼平面，为 1.23；最大平均风速比出现在平行四边形主楼平面的中部，为 1.42。

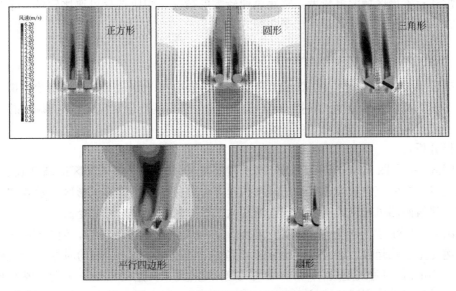

图 6.3-6　5 类形状 Phoenics 模拟结果

此外，相比于普通边角裙房如三角形、正方形、平行四边形、带弧形的圆形与扇形平面在建筑外侧会出现局部强风，风速达到了 6m/s 以上，最大风速比超过了 2.0。

在 5 种类型中，最大风速值超过 5m/s 的裙房形式有：圆形、平行四边形和扇形。这

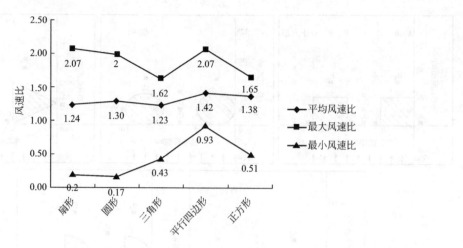

图 6.3-7 5 类形状风速比折线图

对风环境来说是比较不利的。

从模拟结果图 6.3-6 中风速较低的风影区区域分布可以看出，正方形平面的低风速风影区域较小，风速分布较均匀且风速较大。适用于整体温度较高，常年大风的区域，可提高风环境的舒适度。而三角形平面由于建筑风影区较大导致风速较低，较适用于整体温度较低，无风的区域，但不适于污染严重的地区。

综上所述，双子楼平面布局形式应根据不同区域环境选择。若该区域温度较高且行人密集，应选择平均风速比较大，风影区面积较小，且最大风速不应超过 5m/s 的正方形主楼平面形式；若该区域温度较低，常年风速较大的情况，则应选择风速比较低，平均风速比与最大风速比较低的三角形主楼平面形式。

6.3.3 双子楼高度对风环境的影响

根据表 6.3-2 的统计结果，双子楼的高度主要集中在 100～240m。以初始模拟对象为基准，20m 为高度变化范围，模拟 100～240m 的主楼高度变化对风环境的影响如图 6.3-8 所示，各测点风速变化如图 6.3-9 所示。

结果分析：

由图 6.3-8 和图 6.3-9 可知，随着双子楼高度的增加，建筑风影区逐渐变长、变窄，最大风速点均在建筑中部通道末端，最小风速点主要位于建筑背后风影区。随着建筑高度的增加，建筑两侧风速较大区域面积逐渐变大，较大风速区域的长度变长。

由图 6.3-9 可得，随着建筑高度的增加，平均风速比呈递增趋势，但总体差距不大，最小风速比呈递减趋势，最大风速比呈递增趋势。当建筑超过 160m 的时候，最大风速已经超过了 5m/s，当建筑超过 240m，最大风速比超过了 2，达到 2.08，因此在常见风速较大区域，设计双子楼高层建筑时，建筑高度达到 160m 以上时应谨慎考虑风环境影响。

6.3.4 双子楼主楼间距对风环境的影响

根据《建筑设计防火规范》GB 50016—2014（2018 年版），双子楼为一类高层民用建筑，两主楼之间的间距应不小于 13m 的防火间距（表 6.3-4）。

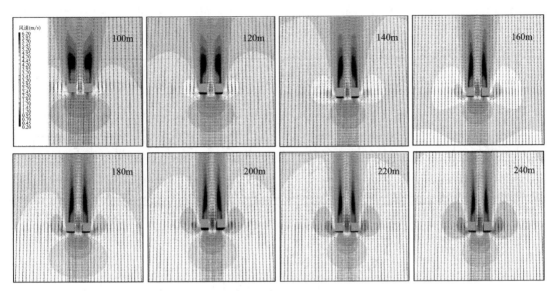

图 6.3-8　8 类高度变化下 PHOENICS 模拟结果

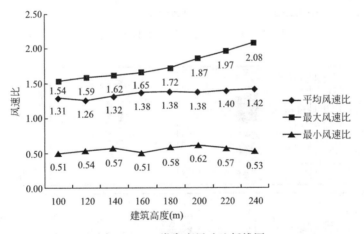

图 6.3-9　8 类高度风速比折线图

民用建筑防火间距　　　　　　　　　　　　　　　　表 6.3-4

建筑类别		高层民用建筑	裙房和其他民用建筑		
		一、二级	一、二级	三级	四级
高层民用建筑	一、二级	13	9	11	14
裙房和其他民用建筑	一、二级	9	6	7	9
	三级	11	7	8	10
	四级	14	9	10	12

根据图 6.3-9 的统计结果，双子楼两栋主楼的间距主要分布在 20~80m 的范围。在建筑高度、平面形状、夹角不变的情况下，讨论主楼间距从 20m 变化至 80m，人行区域风

环境的变化情况。图 6.3-10 为各间距平面尺寸与测点分布图。PHOENICS 模拟结果如图 6.3-11 所示，图 6.3-12 为各测点的风速变化。

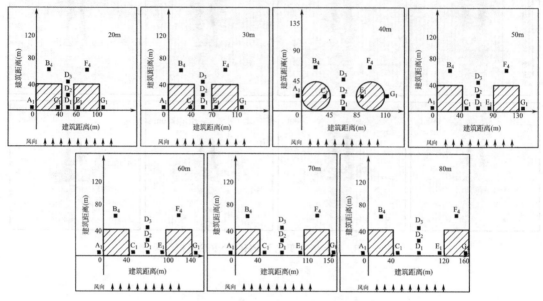

图 6.3-10　7 类间距平面尺寸与测点分布

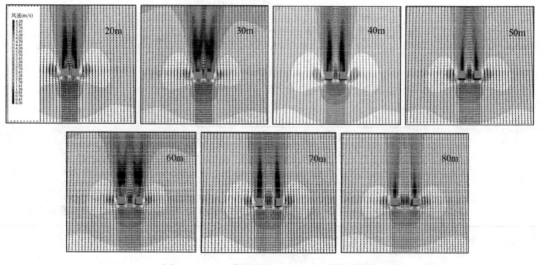

图 6.3-11　7 类间距 PHOENICS 模拟结果

由图 6.3-11 和图 6.3-12 可得，随着建筑间距的增加，建筑风影区面积逐渐减小，在间距为 60m 时风影区面积产生突变。建筑风影区测点（B_4、F_4）的风速比也随着间距的增加而递减；建筑外侧角点（A_1、G_1）和内侧角点风速比变化不明显。最大风速点随着间距的增加，变化不大，但在间距为 80m 时发生突变，内侧角点（C_1、E_1）风速比升至 1.80。建筑间通道入口处风速比整体变化不大，在 1.60 上下浮动，通道中部风速比随着间距增加整体呈现略微下降趋势，而通道出口处的风速比整体变化不大，在 1.70 上下浮动。

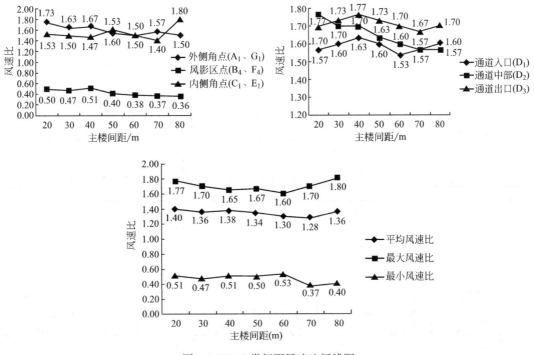

图 6.3-12　7 类间距风速比折线图

此外，随着建筑间距的增加，双子楼周围平均风速比总体呈递减趋势，从最大风速比看，随着建筑间距的增加，最大风速比先降低后升高。当间距为 60m 时，风速比最小，为 1.6；间距为 80m 时，风速比最大，为 1.8，但考虑到人行高度与人舒适度评价标准，最大风速不应大于 5m/s，仅有当主楼间距为 40～60m 时符合（90°）变化至 80°（其中 45°为特殊值），人行区条件；从最小风速比看，建筑间距的增加对最小风速比影响不大，在 0.4 上下浮动，当间距为 60m 时，最小风速比有最大值 0.53。

综上可得，主楼间距在 40～60m 较为合理，最大值风速不至于过大，且平均风速和最小值风速也处于较合适的区间内，不至于产生无风区。

对于风速较大的地区，主楼间距为 60m 较为合适。对于风速较小的地区，主楼间距为 40m 较为适宜。

6.3.5　双子楼主楼夹角对风环境的影响

根据表 6.3-2 的统计结果，双子楼两栋主楼的夹角在 0°（90°）～80°之间。

在建筑间距（40m）、主楼平面（正方形）、主楼高度（160m）不变的情况下，讨论主楼之间夹角从 0°（90°）变化至 80°（其中 45°为特殊值），人行区域风环境的变化情况。

图 6.3-13 为各夹角平面尺寸与测点分布图。其中双子楼主楼夹角是指单幢主楼斜边与水平线之间的夹角，PHOENICS 模拟结果如图 6.3-14 所示。图 6.3-15 为各测点的风速比折线图。

根据图 6.3-15 可知，当夹角由 10°变化至 90°（0°）的过程中，对于双子楼建筑外侧角点（A_1、G_1），其风速比总体呈现递减的趋势。双子楼夹角越大，越有利于降低建筑外侧

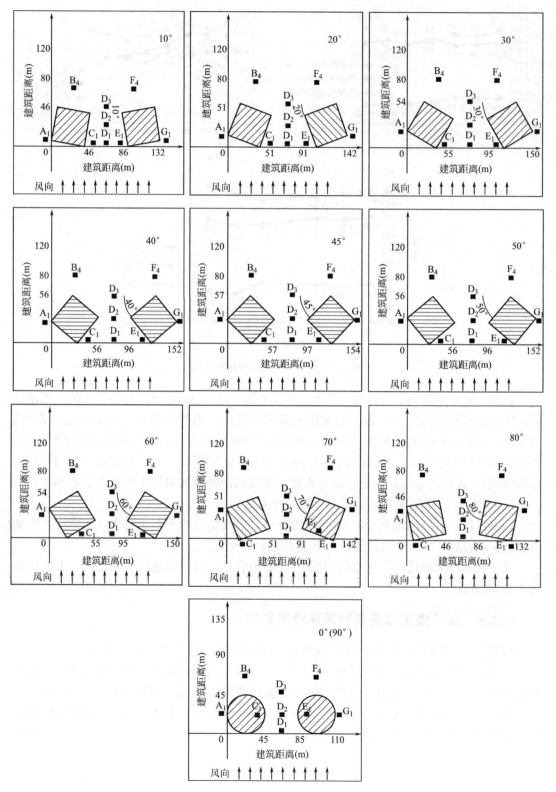

图 6.3-13　10 类夹角平面尺寸与测点分布

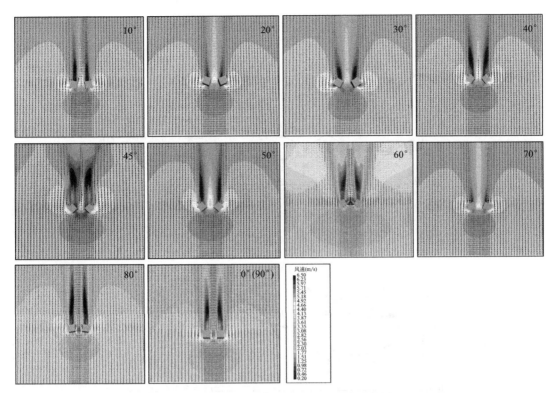

图 6.3-14　10 类夹角 PHOENICS 模拟结果

拐角处风速，但在 30°与 70°处存在突变现象，30°和 70°时建筑外侧拐角处风速会增大，风速比分别达到了 2.17 和 1.63。对于双子楼建筑内侧角点（C_1、E_1），其风速比整体呈现递增的趋势，且增长幅度在 60°～70°时最大。而风影区的测点风速比数值整体在 0.17～0.83 范围内浮动。30°与 80°时风影区内测点风速比数值分别为 0.17 与 0.83。

此外，对于中部通道处测点（D_1、D_2 和 D_3）的分析，对于通道入口处的测点（D_1），当夹角由 10°增至 45°时，入口风速比呈现下降趋势；在夹角由 45°增至 0°（90°）的过程中，入口风速逐渐增加。45°时入口风速比最低，为 0.47。

通道中部的测点（D_2），风速比随着夹角的增大整体呈现递增的趋势，但 60°时风速比出现突变现象，达到了 2.17，这对于人行区域风环境而言是非常不利的。

通道出口处的测点（D_3）整体风速比较大，在 70°时有最小值 1.27，60°时有最大值 2.10。

此外，在夹角逐渐增大的过程中，平均风速比逐渐上升，0°（90°）时建筑周边平均风速最大。最大风速比最大值出现在角度为 30°的双子楼周围，为 2.17，最大风速比最小值则出现在 45°的双子楼周围，为 1.50。

整个角度变化过程中，最大风速值未超过 5m/s 的布局有 40°、45°、50°、70°、0°（90°）。但其中 40°、50°的最小风速比与平均风速比都较小，不适宜布置在风速较小的区域，不利于污染物的消散，会导致夏季静风区过于闷热。

综上，夹角为 30°和 60°的双子楼布局最为不利。对于常年大风且温度较低的区域，最适宜的双子楼夹角为 45°，最大风速不至于过大，且建筑周边风速较为平均。对于常年风速较小且气温较高的区域，适宜布置平面角度为 70°和 90°的双子楼。

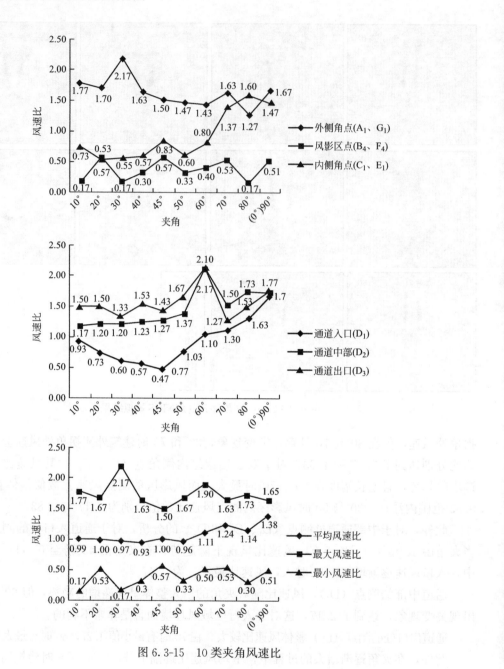

图 6.3-15　10 类夹角风速比

6.3.6　结论

本节对常见的双子楼平面布局进行深入分析，通过对比在行人高度（1.5m）处的风速比和测点周围的风环境分布情况，得到在改变双子楼两主楼的平面形状、高度、主楼间距、夹角四种情况下对风环境影响的普遍规律，并总结最优的布局方案，具体如下：

（1）双子楼平面形状应根据不同区域环境选择，相比于普通双子楼主楼平面，带弧形的平面形式如圆形、扇形在建筑外侧拐角处会出现强风，平行四边形主楼平面狭道效应最为明显。正方形平面适合布置在常年风速较高且温度较高的地区，三角形平面适合布置在常年风速较低、温度较低的区域，但不适合布置在污染严重的地区。

（2）双子楼主楼的高度越高，建筑周边最大风速比越大，最小风速比越小，狭道效应越明显。在常年大风的地区，当建筑高度超过160m，人体的风环境舒适度已经不满足相应要求，需要规划人员慎重考虑双子楼布局方式。

（3）双子楼最适合的主楼间距为40～60m。对于风速较大的地区，主楼间距为60m较为合适；对于风速较小的地区，主楼间距为40m较为适宜。

（4）夹角为30°和60°的双子楼布局最为不利。常年大风且温度较低的区域，最适宜的双子楼夹角为45°，对于常年风速较小且气温较高的区域，适宜布置平面角度为70°和90°的双子楼。

第7章 风环境和江景资源与双目标下的滨江住宅高层布局

7.1 概述

滨水区域是城市中最具开发潜力的区域,水滨按其毗邻水体性质的不同可分为河滨、江滨、湖滨和海滨。滨江区具有丰富的景观要素,复杂的历史文化沉淀,以及浓厚的人文生活气息,可以说是城市文明的缩影,在城市规划、生态景观、经济发展、公共活动等多个方面都处于举足轻重的地位。近年来,杭州坚持"拥江发展"的战略规划,钱塘江和京杭大运河沿线竖立着大量住宅与公共建筑,其中杭州段钱塘江北岸更是有大量的住宅区(图 7.1-1)。在滨江区域的可持续发展住宅区规划设计中,滨江的江景资源与建筑布局息息相关;同时滨江区域由于其所处位置邻近水体,滨江区块的微气候与已知城市的气候不尽相同。因此有必要从江景资源与风环境两个目标出发优化滨江高层住宅区建筑布局。

图 7.1-1 杭州钱塘江北岸住宅区示意

7.1.1　滨江区域景观的重要性

在滨江区域的可持续发展住宅区规划设计中，水体独特的景观资源使人获得心理上的愉悦感与舒适感，是重要的总图形态控制指标，不同的总图布局住宅单元对江景视线也不尽相同。众多研究均表明，舒适性具有内在价值，租房者或购房者都愿意为住宅毗邻景观支付一个附加价格，景观资源不仅带来愉悦感，还具有一定的经济价值。石忆邵等人立足于上海市黄兴公园，研究了大型绿地景观对住宅价格的正相关影响；温海珍等人以杭州市为例，通过建筑、邻里、区位、景观四个维度选择了 25 个解释变量构建特征价格模型，定量评估了城市内部各类景观对住宅价格的影响，证明钱塘江景观对周边一定范围内房价具有显著的提升作用。Benson 等发现居民对于海景舒适性具有较高的支付意愿，相比没有景观，最高质量的海景使房价增加 60%，最低质量的海景使房价增加 8%，并且房价同住宅到海边的距离呈负相关关系。Bond 等评估了伊利湖景对住宅价格的影响，结果表明拥有湖景使住宅价格增加约 89.9% 的附加值。众多学者均证明了水景与住宅舒适度及价格的正相关作用，然而，目前现有的滨江住宅区规划设计虽以景观朝向为导向，但总图布局设计阶段基本凭借设计者的经验积累来模糊判断景观视线的优劣，缺少对具体总图布局景观视线的量化分析。因此有必要从量化景观视线的角度出发，引入评价参数来评价不同住宅区布局的景观经济效益。

7.1.2　滨江风环境的特殊性

滨江区域不仅拥有独特的景观资源，大面积水体也会对滨水区域的微气候环境产生较大影响，在城市微气候环境中能有效改善热环境质量。住宅区作为人们生活的必需城市基础单元，风环境直接影响着人们室外活动的热舒适度与安全。在针对滨水区域环境的研究中，冯娴慧等人通过实测广州市近地风速、风向资料，分析广州近地风场特征，研究表明在盛行风被极度削弱的同时，珠江江风促成了城区一些区域风速的增强，提出城市的河流、山林及大型绿地对城市近地风场的影响值得关注。Mengtao Han 通过实地测试、分析等方法，研究了武汉地区夏季江风对传统街区热环境的改善作用。陈宏等人以武汉为例，通过长江两岸滨水街区的微气候实测分析与对武汉近 40 年的城市水体变化数据进行解析，提出其调节能力受城市空间形态、建筑密度的影响。王晶以深圳市滨河街区为研究对象，通过实测与模拟分析论证滨河街区风环境的特殊性，并总结出影响滨河街区特殊风环境的建筑空间组合要素。这些研究说明大型河流对滨江区域的风环境会产生特殊影响。有必要同时考虑滨江区域特殊风环境与江景资源，进行滨江高层住宅区建筑群布局设计。

7.1.3　住宅区风环境研究

风环境研究主要表现分为两种类型：第一种是针对典型的布局形式（如行列式、错列式、围合式、混合式等典型住宅布局模式），建构纯理论的简单模块，研究其不同布局下的风环境特征。第二种则偏重于某一实际工程的个案分析，即结合地形环境和布局，研究某一特定住宅小区风环境的特点，并根据模拟结果提出优化策略。

1. 典型布局的研究

Coceal 等人与 Kono 等人关注匀质小尺度建筑群布局形态问题，研究不同建筑密度布局下的气流、涡流的分布情况。Zhang 等用两种不同规格的建筑单体（同高、同宽、不同长度）构造了三种不同布局的建筑群，分别对其进行数值模拟与风洞试验，得到风环境及潜在通风质量均好的布局形式。以上的研究主要聚焦理想的高层建筑群布局。国内学者的研究中，马剑等人构建了 6 幢方形截面高层建筑组成的 8 种不同布局形式的建筑群，通过数值模拟以及对人行高度处的风速比的分析，得到不同布局在人流入口、横向间距、出口间距等控制指标下的优化策略。刘政轩等人模拟了长沙 4 种常见住宅区布局，分别采用风速比和空气龄作为指标对不同布局的风环境进行评价，以风速比小而优的标准，得到优先布局形式为点式、行列式、错列式、围合式，以空气龄排出优劣顺序为点式、行列式、围合式和错列式。曾穗平等选取 4 类典型居住组团的 20 种住区模块，提出风阻指数参数，量化布局通风能力，提出寒冷地区阻风防寒、导风散热及通风防寒兼顾的布局建议。在滨水住宅区的风环境研究中，刘春艳及孙丽然等人研究了夏热冬暖地区与寒冷地区住宅区的室外风环境，提出了相应的布局建议与优化策略。他们的研究主要聚焦高层住宅区建筑群理想化布局，量化了影响风环境的不同空间参数，也给出了相对较优的布局形式建议，但与实际设计有一定的脱节，也忽略了滨江特殊风环境与独特江景资源对于滨江高层住宅区建筑群布局形式的共同作用。

2. 实际案例研究

唐毅等人立足于广州某一实际小区，通过 CFD 模拟及优化验证，得到相应的布局优化措施，证明小区内消防车道、首层架空在控制面积的前提下等可以作为进风口为小区带来风环境的优化。张思瑶等利用计算机模拟软件 Fluent 分析沈阳某住宅小区夏冬两季室外风环境情况。尚涛等人以武汉地区的自然气候条件为基础，运用 Airpak 软件的 RNG 模型对武汉大学茶港小区冬夏两季风环境进行了数值模拟和评价。叶宗强等人选取西安某典型居住区，从容积率、建筑密度和建筑平面布局、空间高度控制和住宅单元组合等方面，提取典型模式，通过实测与风环境模拟评估，归纳出大型居住区规划策略，并得出平面布局对风环境影响程度最大的结论。也有学者从民居类型入手研究室外风环境，张华就从江南水乡出发，引入舒适风速区比率与静风区比率两个指标，研究了村落布局与单体形式的通风设计策略。这些研究基本是从实际案例出发，评价该案例目前风环境的优劣，同时给出相应的布局优化建议。但这种个案分析的方案限制较大，研究方法针对性强，但由于对居住建筑布局模式缺乏共性的研究，因而这一研究方法的理论概括力差，缺乏普遍的指导意义。

总的来说，现有的住宅区布局研究主要聚焦于风环境，忽略了特殊风环境与独特江景资源对于滨江高层住宅区建筑群布局形式的共同作用。同时，针对不同高层住宅区布局的风环境，现有研究聚焦于理想化布局下提出不同的布局形式建议（行列板式、行列点式、围合式等），缺乏对定性布局不同变化形式的研究。

本章从特殊风环境与独特江景资源出发，选取杭州滨江地区某一典型住宅地块，建构 23 种行列板式与行列点式布局形式；针对滨江地区特殊风环境特征，采用 CFD 数值模拟软件 PHOENICS 对 23 种布局进行风环境模拟，通过对比分析不同布局下室外人行高度（1.5m）处的风速比，得出风环境优劣状况与建筑布局之间的关系；针对江景资源特征，引入景观获得率作为评价指标，明确建筑布局对景观优劣影响的模糊认知。最后使用景观获得率与风速比两个指标对不同布局进行交叉评价分析，得到布局形式与风环境、景观视线的优劣关系，探索同时满足最优景观获得率与舒适人居环境的高层住宅区建筑群布局参考形式及优化策略。

7.2　模型的建立

需要选取滨江典型住宅区地块进行研究。根据对杭州滨江住宅区的实际调研，杭州滨江住宅建筑群布局由南向北，发展阶段明确；布局自由，弧线布局多现，景观为重；住宅单体规整，户型面积较大。总结来看住宅基准布局为地块大小中等、弧线布局、点板结合的高层建筑群。钱塘江西北岸钱江路金色海岸住宅地块（图 7.2-1）紧邻钱塘江，地块之江路东南侧有滨江慢行区，行人较多；周边建筑形式较为多样，用地大小较为合适，具有代表性，适用于滨江高层住宅区建筑布局研究（图 7.2-2），于是选取金色海岸地块作为本章研究对象。

图 7.2-1　钱江路金色海岸地块实景图

图 7.2-2　地块原始平面布局

选取典型地块作为研究对象后，在该地块内列举 23 种不同变形布局作为模拟对象。立足于用地大小及原有建筑布局形式，建筑基准布局选取行列式布局，根据由左至右的顺序，将单体分别标记为 Ba-n 与 Fr-n（图 7.2-3）。在容积率与原布局保持一致的情况下，每幢建筑为 30 层，层高 3m，建筑高度 90m，板式单体平面采用典型杭州地区一梯四户 90m² 左右小户型组合，点式单体平面采用典型杭州地区一梯两户 140m² 大户型组合。

行列式布局根据不同单体形式分为行列板式 S 与行列点板式 P，在容积率控制下板式与点板式两个布局分别由 18 幢和 19 幢等高的建筑组成。根据《杭州市城市规划管理规定》与杭州市控制性详细规划，高层住宅建筑密度需小于 28%，且滨江区需退让公共绿地。通过调研与总结发现，滨江住宅区布局通常较为灵活，常有弧线与直线结合的布局形式出现。在符合防火间距及满足日照的前提下，控制曲率不变，通过穷举法以直线-直线、直线-弧线、弧线-弧线为变化依据，删除实际项目中不可能出现的布局后得到 23 种建筑布局形式（图 7.2-4）。将板式前排长列布局命名为 Sl，板式前排短列布局命名为 Ss，点板式前排点列命名为 Pp。为了直观地表示不同布局，本文用"｜""（""）"来表示不同的布局形式（图 7.2-5）。例如，Sl-)) 布局即为板式前排长列布局，且两排建筑均为弧线凸面迎风布局；Pp-(｜布局即为点板式布局，且前排为直线布局，后面为凹面迎风布局。

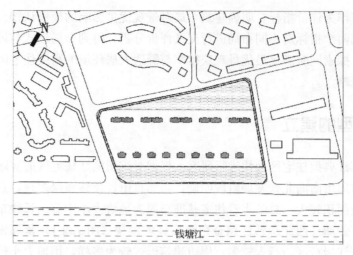

图 7.2-3 滨江住宅建筑群模型示意（以点板式为例）

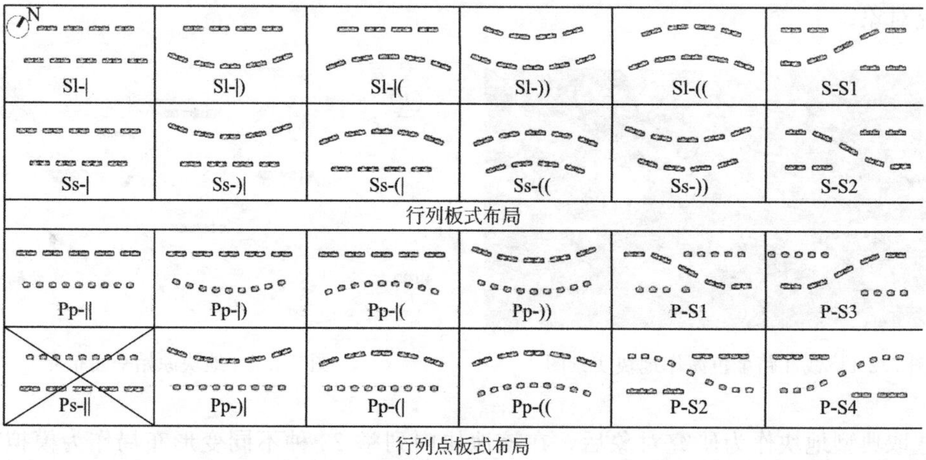

Sl-|	Sl-|)	Sl-|(	Sl-))	Sl-((	S-S1
Ss-|	Ss-)|	Ss-(|	Ss-((	Ss-)	S-S2

行列板式布局

Pp-||	Pp-|)	Pp-|(	Pp-))	P-S1	P-S3
Ps-||	Pp-)|	Pp-(|	Pp-((	P-S2	P-S4

行列点板式布局

图 7.2-4 行列板式与行列点板式 23 种建筑布局类型

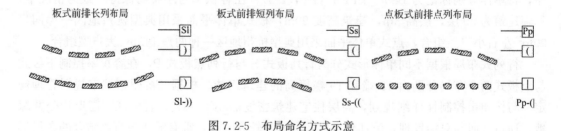

板式前排长列布局　　　　　板式前排短列布局　　　　　点板式前排点列布局

Sl-))　　　　　　　　　　　Ss-((　　　　　　　　　　　Pp-(\|

图 7.2-5 布局命名方式示意

7.3 景观评价指标

7.3.1 景观环境评价方法

城市水体不仅在生态与景观上有着极大的价值，其周围地块的开发价值也高于同类型非滨水地块，所以是否获得良好的景观视线是住宅区设计的重要评价指标。但目前没有具体的定量参数去量化景观优劣情况。为将后排被遮挡的每一户能见景观做定量分析，获得精确的数值，本章节提出景观获得率参数 LAR：

$$LAR = \sum_{i=1}^{n} \frac{\overline{N_{si}}}{180n} \times 100\% \qquad (7.3\text{-}1)$$

该公式的含义是定义 180°视角为最佳景观获得角度；选取后排被遮挡住宅平面中每户的面宽中心点为原点（图 7.3-1），记板式布局与点板式布局每户可视江面的角度分别为 N_{Snn} 与 N_{Pnn}，取各户可视江面角的平均值为该单体景观获得角平均值 N_{Sn} 与 N_{Pn}，某一布局形式后排各户可视江面角之和的平均值即为 $\overline{N_{si}}$，其与最佳景观获得角度的比值即为景观获得率 LAR。通过 CAD 辅助设计对每一户的景观视线范围进行绘制与测量，得到 N_{Snn} 与 N_{Pnn}，并计算不同布局的 LAR。景观获得率参数可以量化景观效率，为绿色住宅区的景观环境评价提供确切的、可操作的评价标准。

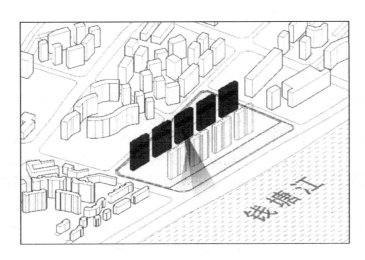

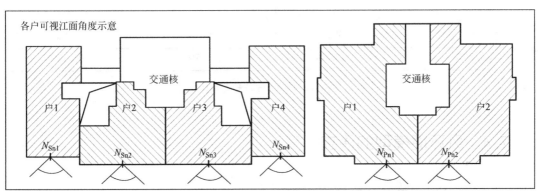

图 7.3-1　可视江面角范围图示

7.3.2　景观环境结果分析

图 7.3-2 给出了行列板式与行列点板式不同建筑布局下的景观获得率折线。

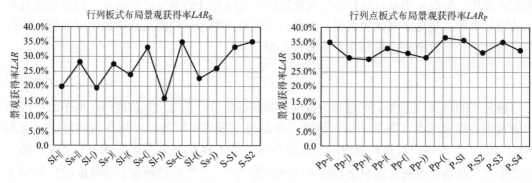

图 7.3-2　行列板式布局景观获得率 LAR_S 与行列点板式布局景观获得率 LAR_P

总体来看，点板式布局景观获得率优于纯板式布局，点板式布局景观获得率 LAR_P 基本位于 30%～35%，最好布局为 $LAR_{Pp-((}=36.6\%$，最差的布局 Pp-) ｜ 也有 29.1%。而板式布局其形式改变景观获得率的数据波动较大，其中景观获得率最差布局 $LAR_{Sl-»}$ 仅为 15.6%，而最好布局 $LAR_{Ss-((}$ 为 35.0%，与点板式布局持平。总结来看，相对于点板式前排建筑形式变化，板式前排建筑布局形式变化会使得后排建筑景观获得率产生剧烈波动，即在做住宅区总图设计时，点板式布局拥有更大的设计余地。

最优景观获得率出现在 Ss-（与 Pp-（布局，这说明"（（"形布局后排景观视野均较好，相反的"））"布局 LAR 均较差。从弧线布局的开口方向来看，对比布局后排形式与相同前排形式的不同可以发现，行列板式与行列点板式布局中 $LAR_{Sl-|(}>LAR_{Sl-|)}$、$LAR_{Pp-|(}>LAR_{Pp-|)}$，说明布局内只有前排布局形式变化时，前排凹面迎风"（"形布局的景观视线优于凸面迎风"）"形布局（图 7.3-3）。在景观资源最大化为导向的设计下，可以将前排建筑优化为凹面迎风的"（"布局。

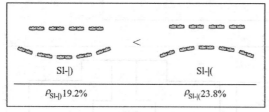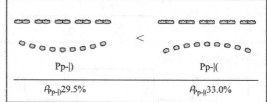

图 7.3-3　前排不同布局形式对比示意

7.4　风环境模型的建立

7.4.1　模拟边界条件及区域模型设定

本节采用 CFD 领域的 PHOENICS 数值模拟软件进行风环境的模拟。对于模拟区域大小的设定，目前还没有明确的定义，庄智等人总结建筑物覆盖的区域满足小于整个计算域面积的 3%，根据日本建筑师协会及 Frank J 的建议，本节计算区域入风口距边界 $15H$，侧边边界满足 $5H$，顶部边界满足 $5H$，出流边界满足 $5H$，其中 H 为建筑高度，计算区

域为 $2100m \times 2500m \times 540m$。

7.4.2　风环境评价标准

杭州地处中国华东地区，属于夏热冬冷气候分区。受冬季风与夏季风的影响，杭州冬、夏季分别盛行西北风、西南风。本节研究地块位于钱塘江沿岸，由于陆地与水体的热容量不同，故江边一定范围内主要风向受河陆风影响，河陆风影响范围在江岸较近的 1km 范围内，该区域微气候与城市气象数据不同。故在风环境数值模拟的研究过程中，设定杭州钱塘江日间江面来风即东南风为主要风向。为使模拟结果更为直观，取杭州夏季较常出现的极大风速 5m/s 进行模拟。

在前面章节中已经阐明，当采用风速比作为评价标准时候，普遍采用的舒适风速比评价区间为 0.5～2.0。然而，本章研究对象为滨江住宅区，通过实地测量，因为下垫面的不同，江边初始来风速相对城市建筑密集区平均风速较大，常见风速最大可达 5 级 5.5m/s，如果按照风速比 0.5～2.0 舒适区间来评价风环境，则测点风速会达到 11m/s，严重影响行人舒适度并会出现安全隐患。根据 Colin J 等人对行人舒适度的研究，确定 7.6m/s 风速为本研究上限风速，故而本章风速比舒适评价区间为 0.5～1.5。

7.5　模拟结果及分析

如图 7.5-1 所示，本章节设置两类风速测点：第一类测点为住宅区周边道路测点，平行于来风向的道路常出现风速过大的情况，同时行人较多，需要对其风环境进行研究分析，如西南侧街道的测点 Rs 与东北侧街道的测点 Rn；第二类测点为住宅区内部风影区测点，如中央花园测点 Pcs、Pcm、Pcn 及入口花园测点 Pem。中央花园为住宅区内人们主要的活动场所，由于位于风影区，会出现风速较小、通风不畅的情况。这两类测点的风速比基本可说明建筑布局对室外风环境的影响情况，基于基准布局变形的 23 种布局风环境分布如图 7.5-2、图 7.5-3 所示。

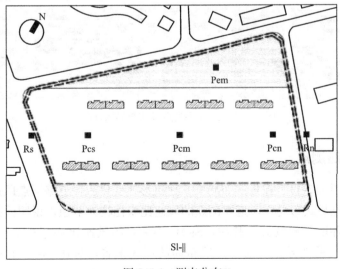

图 7.5-1　测点分布

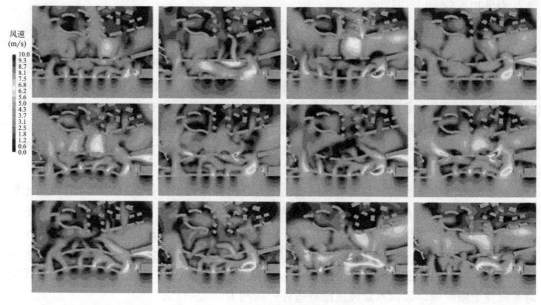

图 7.5-2　12 种行列板式布局风速分布

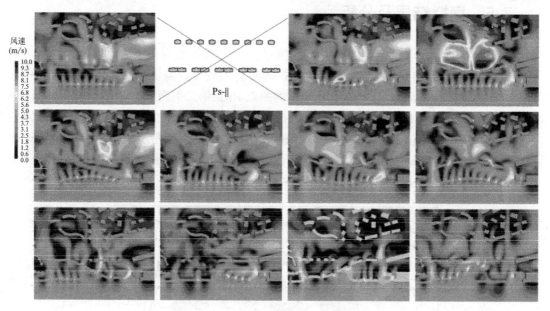

图 7.5-3　11 种行列点板式布局风速分布

7.5.1　道路测点

总体来看（图 7.5-4），在板式布局中，建筑形式变化后，道路测点风速比 Rns 会产生剧烈波动，而在点板式布局中，道路测点的风速比变化较为平稳，说明前排建筑密度更大时对于道路的风环境影响较大。其中，Sl-))、Ss-)) 的风速比均超过 1.5，最大的 $Rn_{Sl-)}$ 为 1.76，舒适度体验较差。从前排建筑布局的形式来看，对比 Sl-‖ 与 Sl-｜）、Ss-)｜ 与 Ss-)) 布局发现，前排")"布局的风速比均大于前排"｜"布局，这组数据指出前排凸面迎风"）"形布局会使得道路风速变快，有利于江风向城市渗透，但个别布局风速过快会破坏人体舒适度环境。反之，对比 Sl-‖ 与 Sl-｜(、Ss-(｜ 与 Ss-((布局的测点风速比，可以发现凹面迎风"（"形布局有减慢风速的倾向。

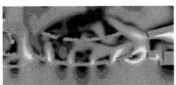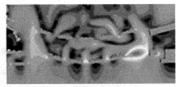

图 7.5-4　板式布局")"形凸面迎风布局道路风速分布

单独分析板式布局的风速分布情况，在对称布局的前提下，Rns 的波动程度强于 Rss，造成这种情况的原因是周边建筑的布局形式不同。当住宅区某侧出现体量较大且较为完整的建筑时，板式布局的变化会导致该侧道路风速比剧烈波动（图 7.5-4）；而点板式布局变化时，该侧道路风速比较为稳定。在住区总图设计中，当采用板式布局，尤其是前排凸面迎风")"形布局时，应在住区该侧设置高低结合的立体绿化，以使人在道路行走过程中获得更稳定的风环境体验。

7.5.2　建筑风影区测点

总体来看，图 7.5-5 展示了布局变化时风影区测点风速比的波动情况。

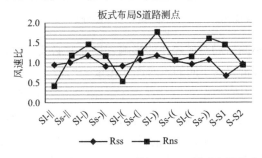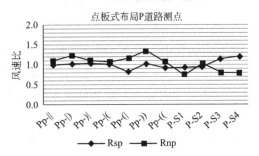

图 7.5-5　板式布局与点板式布局道路测点风速比

当板式布局变化时，住宅区花园风速比较为稳定；而点板式布局的变化会使得住宅区花园风速比剧烈波动。在点板式布局中，Pp-‖、Pp-｜)、Pp-)｜、P-S1、P-S3 布局风影区风速分布离散程度高，如在 Pp-)｜布局中 $Pcm_{Pp-)|}$ 为 0.14，$Pcm_{Pp-)|}$ 高达 1.92；在 P-S3 布局中，中央花园风速比高达 1.86，入口花园处风速比仅为 0.20，这两种布局的人体舒适度体验极差，风速分布很不均匀，不利于住区居民的室外活动。

而在板式布局中（图 7.5-5），风速的分布相对较为平均。南部花园测点、中央花园测点基本位于 0.5 以下，属于不舒适区间，而点板式布局的中央花园测点风速比较小，而南侧花园风环境较板式有所优化，说明前排单体形式不同，即疏密程度不同可以一定程度上优化风影区的风环境。但是江风的渗透也使得风影区，即住区主要花园分布区风速不均，选择点板式布局时需要综合考虑风环境情况进行方案比选。在实际设计中为改善点板式布局花园风速比波动大的情况，可采用前排建筑架空的方式优化。经模拟验证花园内风速分布更為均勻，風影區減少，測點風速比大部分位于舒适區間，人群在住宅區花園內能夠獲得更好與更穩定的通風体驗（圖 7.5-6、圖 7.5-7）。

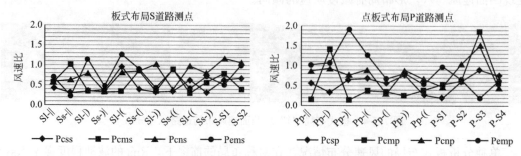

圖 7.5-6　板式布局与点板式布局風影區測点風速比

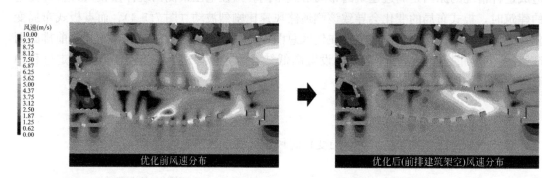

圖 7.5-7　"Pp-｜)" 形布局优化前風速分布及优化后（前排建筑架空）風速分布情况

在設計過程中，衡量不同建筑單体形式与不同布局对風速比的影响程度非常必要。通過控制变量法，对比相同布局不同單体形式，即疏密程度不同的風速比变化量的均值 $|\overline{\Delta_1}|$ 与相同單体形式不同建筑布局的風速比变化量的均值 $|\overline{\Delta_2}|$ （表 7.5-1）。由表 7.5-1 可知，疏密程度不同的变化量 $|\overline{\Delta_1}|$ 大于布局形式不同的变化量 $|\overline{\Delta_2}|$，說明前排建筑單体形式的不同，即疏密程度不同对住宅區花園風速比的影响相較于前排建筑布局形式不同的影响更大，这指导我們在做住宅區總圖設計時應当根据容积率先确定前排建筑的單体形式，在此基礎上再根据需要改变前排的布局形式，以期更高效地獲得良好的室外風環境的建筑布局。

前排建筑布局疏密程度与弧線布局变化時風速比的变化量　　　表 7.5-1

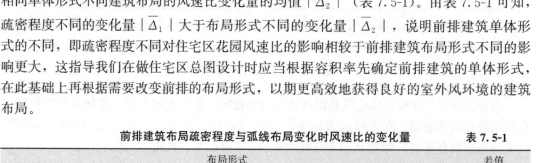

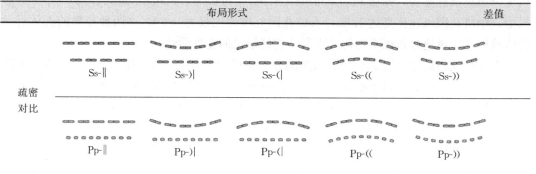

续表

	布局形式					差值
R_{PBn}	0.546	0.381	0.751	0.633	0.606	
R_{PDn}	0.658	0.872	0.472	0.658	0.681	
$|\Delta_1|$	0.112	0.491	0.279	0.112	0.075	0.225
弧线对比	Sl-‖	Sl-‖	Ss-‖	Ss-‖	Ss-(‖	
	Sl-I)	Sl-I(	Ss-)I	Ss-(I	Ss-((	
R_{PBn}	0.575	0.575	0.546	0.546	0.751	
R_{PBn}	0.660	0.848	0.381	0.751	0.633	
$|\Delta_2|$	0.085	0.273	0.165	0.205	0.118	
弧线对比	Ss-)I	Pp-‖	Pp-‖	Pp-)I	Pp-(I	
	Ss-))	Pp-I)	Pp-I(	Pp-))	Pp-((	
R_{PDn}	0.381	0.658	0.658	0.872	0.472	
R_{PDn}	0.606	0.935	0.807	0.681	0.467	
$|\Delta_2|$	0.225	0.278	0.149	0.192	0.004	0.169

7.5.3　非舒适面积评价

1. 非舒适面积比 P

非舒适面积比定义为某区域内风环境不舒适的面积占区域总面积的比值。在区域设定方面，建成建筑会对周围的风环境产生较大影响，尤其是高层建筑群会产生较大风影区，影响下风向地块的风环境质量，所以只评价地块内的舒适程度是不全面的。风绕建筑物流动时，其后方会形成建筑高度 3～5 倍的尾流区，本节以建筑边界及基地边界延伸 300m 的区域（图 7.5-8），以评价建筑布局对周边风环境的影响。

故本书将行人高度（1.5m）处风速比低于 0.5、高于 1.5 的非舒适区面积 S_{no-c} 与评价区间面积 S_0 的比值定义为非舒适面积比 P，以此来全方位评价不等高高层建筑群的风环境。

$$P = S_{no-c}/S_0 \times 100\%　　　　(7.5-1)$$

式中　S_{no-c}——评价范围内非舒适区域的面积（m²）；

　　　　S_0——评价范围的面积（m²）。

2. 模拟结果分析

图 7.5-9 展示了 23 种布局按照 P 值降序的排列情况。从图中可发现，S 形布局的非

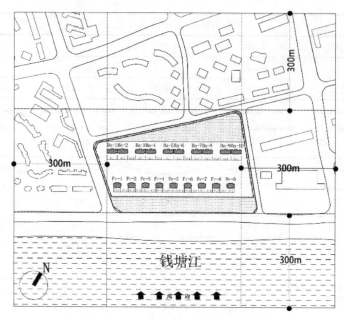

图 7.5-8　风环境评价范围示意

舒适面积比较大，其中 P-S3 布局，$P_{P-S3} = 46.33\%$ 为最大值，其余的 S 形布局非舒适面积比均较大。除去 S 形布局，点板式布局 P 值分布较为平均；而板式布局 P 值离散程度大，容易出现极端情况，例如 $P_{Ss-\parallel} = 45.06\%$，而 $P_{Ss-((}$ 仅为 32.03%，在实际设计中这类布局容易出现相对较为极端的风环境，结合上文点板式布局对花园风速分布影响较大，实际设计中需要对花园的风环境进行二次评估筛选。

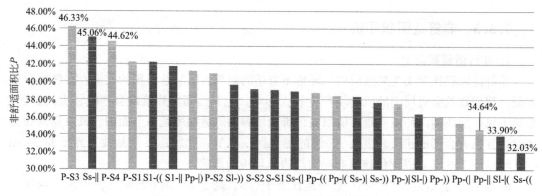

图 7.5-9　板式及点板式各布局非舒适面积比 P

对图 7.5-9 中 P 值最大与最小的 3 个布局进一步观察可以发现一个现象：在板式布局中弧线布局非舒适面积比最小、风环境最优，Ss-((布局 P 值为所有布局中最小的，仅为 32.03%，直线布局 Ss-‖ 在行列式布局中 P 值最大，为 45.06%；而在点板式布局中直线布局 Pp-‖ 的 P 值为 34.64%，Pp-((非舒适面积比较大，P 值为 38.81%。图 7.5-10 展示了这四个布局非舒适面积的风环境分布，在板式布局中，直线布局使得建筑迎风涡流区面积较大，阻碍了通风，弧线的变化使得江风可以渗透到布局内部。在点板式布局中，由于前排建筑为点式布局，建筑密度较小，间距大通风好，弧线布局的出现反而减小了通风廊道，阻碍了风的流动，造成大面积风影区。

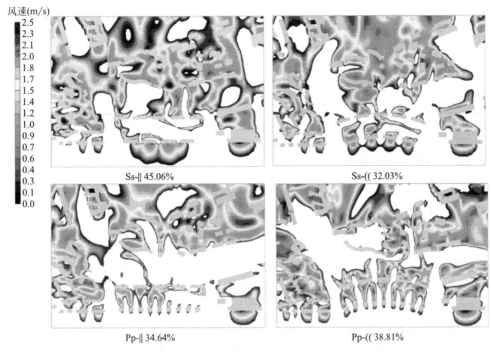

图 7.5-10　"Ss-‖""Ss-(("Pp-‖""Pp-(("形布局非舒适区域风速分布

从平均值来看，板式布局 P_s＝38.93％，点板式布局 P_p＝39.67％，从整体来看，板式布局的通风性能较点板式更好。对比前排疏密不同的前提计算 Pp-‖、Pp-((、Pp-))、Pp-)|、Pp-(| 五个布局及对应 Ss 布局的平均值（前排建筑布局疏密程度与弧线布局变化时风速比的变化量，见表 7.5-2），发现点板式布局平均值 36.48％小于板式 38.40％。说明前排建筑单体形式为点式，即布局密度更小时，布局的非舒适面积区域会有所减少，改善布局通风情况。

前排建筑布局疏密程度与弧线布局变化时风速比的变化量　　表 7.5-2

	布局	P	布局	P	布局	P	布局	P	布局	P	平均值
疏密变化	Pp-‖	34.64％	Pp-((	38.81％	Pp-))	36.04％	Pp-)|	37.57％	Pp-(|	35.34％	36.48％
	Ss-‖	45.06％	Ss-((	32.03％	Ss-))	37.66％	Ss-)|	38.30％	Ss-(|	38.94％	38.40％

而从前排布局形式角度来看，对比某排建筑布局形式相同，另一排建筑布局形式出现弧线变化时的非舒适面积比，如 Sl-‖ 与 Sl-|(、Sl-|)，Ss-(| 与 Ss-((，Pp-‖ 与 Pp-)|、Pp-(|，可以发现在板式布局中，出现弧线变化形式时非舒适面积比 P_s 会呈现减小趋势，优化室外风环境，且"("形布局较")"形布局优化程度更大（弧线变化对应布局的非舒适面积比 P 值，见表 7.5-3）。而在点板式布局中这一趋势相反，直线布局改为弧线布局会使得 P 值整体呈现增大趋势。

弧线变化对应布局的非舒适面积比 *P* 值　　　　表 7.5-3

		布局	P	布局	P	布局	P	布局	P	趋势
弧线变化	板式布局	Sl-‖	41.76%	Ss-‖	45.06%	Ss-(|	38.94%	Ss-)|	38.30%	变小
		Sl-|(	33.90%	Ss-(|	38.94%	Ss-((	32.03%	Ss-))	37.66%	
		Sl-|)	36.36%	Ss-)|	38.30%	—		—		
	点板式布局	Pp-‖	34.64%	Pp-‖	34.64%	Pp-(|	35.34%	Pp-)|	37.57%	变大
		Pp-(|	35.34%	Pp-|(	38.47%	Pp-((	38.81%	Pp-))	36.04%	
		Pp-)|	37.57%	Pp-|)	41.27%	—		—		

7.6　结论

7.6.1　独特的江景资源

（1）在景观获得率优劣上点板式布局整体优于板式布局。在两种不同布局形式中，相对于板式布局，点板式前排建筑布局形式变化对后排建筑景观获得率影响较小。在相同建筑布局形式中，当前排布局形式出现弧线变化时，前排凹面迎风"（"形布局景观获得率优于凸面迎风"）"形布局。

（2）从总体来看，Sl-‖、Sl-|（、Sl-)）形布局景观获得率低于 20%，设计中应避免。Ss-((、S-S2、Pp-((、P-S1、S-S2 形布局景观获得率均超过 35%，为使得江景资源最大化，设计中应优先考虑独特的江景资源。

7.6.2　特殊的风环境

总结分析 23 种建筑群布局人行高度 1.5m 处的室外风环境，结论如下：

（1）相对于建筑群布局中前排布局形式的不同，前排单体形式的不同，即疏密程度不同对于住宅区花园风速比的影响更大。

（2）从布局内测点风速比来看，行列板式的建筑布局形式变化对周边道路风速影响大，而对住宅区花园风速影响小。其中，当住宅区周边建筑体量较大时，前排凸面迎风"）"形布局会明显放大垂直于迎风面的街道风速；相对而言，行列点板式的建筑布局形式变化对周边道路风速影响小，而对住宅区花园风速影响则很大。在实际项目住宅区总图设计中，可通过在住宅区周边设置高低结合的立体绿化或架空前排建筑的方式优化风环境。

（3）从非舒适面积分布来看，前排建筑单体变化，即疏密不同时，布局密度与非舒适面积区域呈正相关；而前排布局变化，即弧线变化时，板式布局出现弧线会优化室外风环境，而点板式布局与该趋势相反。在设计中，板式布局可以通过直线变弧线，或改变前排单体形式的手法来优化区域风环境，而点板式布局中直线布局即为通风视角下的较优布局。

（4）基于测点平均风速比 *R* 及非舒适面积比 *P* 双评价指标控制下，均位于其排序前十的布局为：Sl-|（、Pp-‖、Pp-)）、Sl-|）、Pp-|（与 Ss-(| 形。在实际设计中，可根据不同的着眼点选择不同的参考形式，也可以根据疏密程度与弧线变化来优化已有设计布局的

风环境。

综上所述，在景观视线与风环境双优视角下的滨江高层住宅建筑群设计时，板式布局可以优先考虑弧线布局，且凹面迎风"（"形布局优于凸面迎风"）"形布局；点板式布局可优先考虑双直线"‖"形布局或双弧线"））"形布局。对于具体的布局形式，景观获得率 LAR、平均风速比 R、非舒适面积比 P 均位于前十的布局为：Pp-‖ 形与 Ss-(｜形。而较为特殊的"S"形布局景观获得率 LAR 均较优，其中风环境较好的为 S-S1、S-S2、P-S2 形布局（按照非舒适面积比 P 由小到大排序）。

本章从滨江特征出发，评价滨江高层行列板式与行列点板式建筑群布局景观效益与风环境的优劣。模型的建立从滨江住宅区实际典型地块出发，着眼行列式布局，侧重于对比疏密布局与弧线布局对风环境的影响；同时研究凸面迎风、凹面迎风布局景观与风环境的情况，具有实际指导意义。但模型缺乏对住宅区建筑布局其他方面的研究，例如容积率、建筑高度、绿化布局等。这些将在未来的研究中进一步实验模拟，从而对滨江高层住宅区布局规划进行更全面的指导。

第 8 章 天际线量化因子对室外风环境的影响规律——以杭州钱江新城滨江天际线为例

8.1 概述

天际线是城市的剪影，城市天际线是城市风貌的代表，是城市特色的一隅。滨江区域是城市中最具有活力与历史文价值的区域，先天丰富的江景资源、特殊的风环境与文化资源的密集，因此在滨江区域很容易形成天际线，现有的杭州城市中心区——钱江新城、上海的"西岸文化走廊"等，皆为城市带来文化、经济的复兴。而城市天际线的评价一直是规划师与建筑师的重点，现阶段仅从定性出发，缺乏对美观度定量的评价。因此从天际线的美学量化因子出发去尝试探究城市天际线的评价标准，并结合滨江区域邻近水体，拥有大量高层建筑群，从而拥有的特殊气候环境，利用 CFD 流体力学模拟工具，根据因子的变化来观察其室外风速、风向的分布情况，从而探究其与风环境的规律。从城市可持续发展角度，探求天际线这一城市形象中的重要部分与人居环境之间的相关关系。

8.1.1 城市天际线的重要性

天际线是以天空为背景，描绘出建筑、建筑群或其他物体的轮廓或剪影。在一个城市中，利用大比例的建筑群反映出整个城市的面貌，称之为城市天际线。城市天际线的重要性不仅是因为它给人们带来了美观感受，更是因为它是城市的名片，反映出了这个城市的文化内涵，也体现出整个城市的发展，是群众与设计者关注的重点。随着城市化的加速，高楼林立，新生的高层建筑群处处影响着我们的生活环境。以评论家 Montgomery Schuyler 为开端，将摩天大楼造就的城市景观称为"天际线"，到 Kevin Lynch 的《城市意象》一书中对城市线型要素边界的提出造就天际线理论的基础，到今天在不同阶段对天际线布局的研究控制，处处证明着天际线的重要性。

8.1.2 城市天际线的失控

城市化的加速，各城市新城的建设也加速进行，天际线的新建导致天际线制高点转移，天际线加长，识别度开始产生变化。新城区的天际线过快建设，也开始产生问题：天际线设计单一，层次感的缺失，韵律感的缺乏等问题层出不穷，因此天际线美学的量化问题愈发重要了起来。

8.1.3　天际线美学量化的必要性

对于城市天际线美学的评判方法，目前并没有公认的评价标准与评价体系，一般通过两种方法评价：一种是基于历史演进，将历史中不同阶段的天际线发展与目前城市的发展进行优劣比较评价；另一种则是通过主观感知去评价城市天际线，以人的感受出发，通过调研去挖掘市民心中的评价标准。因此将定性转化为定量，更直观地去评价天际线的美观程度是我们接下来需要研究的重点。

对于规划师与建筑师来说，天际线的设计仅只能通过直觉来评判天际线的空间感与设计性，无法定性定量地准确做出判断，因此如何建立天际线美观程度的标准，即对天际线的美学量化也愈发重要起来。Tom 等人曾经让人们对 9 组不同形状的天际线轮廓的喜爱程度进行排序，得到提高轮廓线的复杂程度可提升人们对天际线的喜爱的结论；Arthur 等人提出天际线整体形状（凹、平、凸），建筑屋顶轮廓的转折数量，建筑单体面宽、净高、进深等属性的变化三者对于天际线的美观影响；钮心毅等人从视觉影响入手，从天际线的曲折度和层次感两个指标，利用数学公式将其量化表达，利用 GIS 软件进行模拟，从而对天际线进行进一步的管理；黄立、罗文静以武汉沿江大道滨水区为例，从天际线的轮廓线形状、平均转折点数、建筑高度变化三个方面对汉口沿江大道的天际线轮廓进行量化评价；杨君宴、潘奕巍以香港地区为例，研究出在天际线轮廓中，轮廓识别、轮廓节奏、轮廓波动三者能反映出天际线的美观性，也是评价城市的整体景观形象必不可少的一环；曹迎春等人则从几何角度入手，对天际线进行分形维数的分析；彭麒麟通过调研分析，总结提出了城市天际线的控制指标，并建立评价体系。这些研究证明，评价一个天际线的美观程度除了直观的视觉感受评价，通过对城市轮廓、建筑形态的因子提取，形成定量的方式，建立完整的评价体系，更能揭示天际线美感的深层意义，对城市规划与建筑设计也会产生深远影响。

8.1.4　滨江区域的特殊性

滨水区域见证了太多城市发展更替的历史进程，随着滨水城市的不断发展，沿江、沿湖、沿海等高层建筑群，往往能够反映出一个城市的经济文化发展。滨江区是指城市中陆域与水域相连接的一定区域的总称，往往是一个城市里最具活力的区域，也是功能最为丰富的区域。因为居住、商业、旅游等功能的高层建筑与特殊建筑集中，加上滨江水体具有明显的线型轮廓与曲折的变化趋势，因此容易形成城市天际线，代表城市整体形象的重要内容，是广大群众和城市建设者们关注的焦点。滨江区域拥有丰富的景观资源，且大面积的水面会给周围环境带来微气候影响，Rajagopalan 以新加坡滨水区为例，研究城市街道布局及空间界面尺度与城市风场关系，利用 CFD 软件进行布局优化；Edward Ng 等人选取香港旺角滨水区，研究城市下垫面粗糙度与城市通风的关联；吴恩荣等人利用 CFD 软件模拟得出基于风环境视角的滨水空间设计关系；王晶等人以深圳河滨水区为例，通过滨水街区的引风和导风去研究滨水街区的空间布局。

8.1.5　高层建筑群风环境的研究

滨江区域大量高层建筑群的出现，直接影响城市热环境，也直接影响到这一区域中人们的室外活动舒适度。对于高层建筑群来说，其形态、高度与密度对室外风环境的影响重大。高层建筑的巨大体量，可能会对风的通行有一定阻碍；高层建筑群的布局产生的强气流，在冬季会影响行人的舒适程度。因此高层建筑群与风环境的关系是一个需要探讨的问题。

对高层建筑群风环境的研究中，Stathopouos 等人对 7 栋矩形截面、平行排布的群体建筑进行实测，总结出不同建筑物周边风场的特征；Lam 等人对高层建筑周边的风速风向做了实测统计，对不同风向下的高层建筑人行高度处的风环境进行评价。随着计算机技术的飞速发展，大量的模拟软件开始出现在高层建筑的风环境研究之中，谢振宇、杨讷通过对不同平面形式的高层建筑平面在相同气候环境条件下进行风环境模拟，得到在相同基底面积的情况下不同建筑平面形式的优劣；陈飞对群体建筑平面形式与室外风环境的研究得出，非垂直/平行的建筑群布置对室外风环境造成复杂影响；应小宇、朱炜、外尾一则通过对 6 种不同的高层建筑群布局进行风环境模拟，得到非均质分布的建筑布局对室外风环境的作用机制；Chang 等人对不同街道宽度与房屋高度之比进行模拟计算，得到最适的街道宽度与建筑高度之比；马剑等人对 6 种不同布局的建筑群进行模拟，对不同布局形式的建筑群风环境的情况做出评价；Qureshi 等人对"十"字形阵列形高层建筑群进行风环境研究，评价不同建筑间距及不同朝向条件下的风环境变化；李峥嵘等人则进一步探究不同风向作用下的不同建筑群风环境，得到建筑群总朝向与来流方向一致时总能实现高质量的建筑群风环境的结论。

对于城市天际线而言，虽然现有对城市天际线美观程度的评价，但缺少评价体系与评价标准的具体量化范围。对于城市风环境而言，目前的研究仅体现在若干高层建筑组合对室外风环境的影响，关注其平面布局、相邻高层建筑高度、高层建筑的朝向，缺少对大范围高层建筑群的影响研究，尤其缺乏关于城市天际线形态对城市风环境的影响研究。

因此本节从天际线的形态因子入手，选取对天际线形态影响最大的轮廓曲折度与建筑群起伏，以杭州钱江新城滨江区域为研究范围，通过分析其滨江区域的天际线轮廓曲折度与建筑群起伏度对风速的影响变化，探求天际线这一城市形象中的重要部分与人居环境之间的相关关系。

8.2　风环境模型的建立

8.2.1　天际线的选择

1. 选择钱江新城的理由

钱江新城位于杭州市江干区的西南部，钱塘江的北岸，集行政、贸易、商业、旅游、居住为一体，以先进、现代的高层建筑群为特色，促进了杭州的经济文化发展，体现出杭州是世界城市的风貌，是杭州的一张新的文化名片。

2. 原始模型的建立

依据彭麒晓对天际线的因子权重分配的研究可知，天际线评价的权重由大到小依次为建筑的轮廓节奏、起伏程度、屋顶造型与景观层次。而轮廓节奏与建筑起伏程度则为评价天际线美观度的最重要的两点，其对应的量化评价为轮廓曲折度与建筑起伏度，都与天际线的高度息息相关。为了得出两者与风环境的关系，本节将对其两种因素进行讨论。

面对开放空间，城市超高层或者接近超高层的街区，迎着风向约 500m 范围内的城市街区需要进行风环境模拟。因天际线组成较为复杂，本节选择的是钱江新城天际线组成部分中最富有识别性的前景部分，选择钱江新城范围内之江路与富春路之间，庆春路隧道起至复兴大桥结束，商住混合的区域（图 8.2-1）。《绿色建筑设计标准》DB33/1092—2020 中规定：建筑覆盖区域小于整个计算域面积 3%；以目标建筑为中心，半径 5H 范围内为水平计算域。建筑上方计算区域要大于 3H，其中 H 为建筑主体高度，因此本节中模拟区域为 22000m×6200m×600m。

图 8.2-1　模拟区域

8.2.2　风环境评价标准

本节采用 CFD 领域中的 PHOENICS 数值模拟软件进行风环境模拟。前面章节已经阐明初始风的设定标准，故模拟中标准高度 Z_G 设定为 400m，该高度处平均风速 U_G 为 13m/s，α 为 0.25。湍流强度假定为地面 52m 以上 12%。

据此条件建立区域模型，为了更好地比较临水区域与临街区域的关系，分别选取了位于道路交叉口、小区/商区入口处、建筑前、建筑之间间隙的北侧测点 41 个，吹东南风，观测北侧道路风环境情况（图 8.2-2、图 8.2-3）；选取南侧测点 40 个，吹西北风，观测滨江人行道路风环境情况（图 8.2-4、图 8.2-5）。

在风模拟完成后，根据所述的冬、夏两季风向与平均风速设定模拟的工况条件，测取城市天际线模型不同位置的人行高度处的测点的风速，并转换成风速比，见表 8.2-1、表 8.2-2，利用风速比对风环境进行比较，由于在实际室外环境中，风速比为

$$R = V_s / V \tag{8.2-1}$$

式中　R——风速比；

V_s——行人高度处的测点风速的绝对值（m/s）；

V——同高度下初始来风风速的绝对值（m/s）。

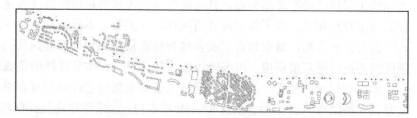

图 8.2-2　东南风下北侧路道路测点位置

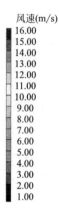
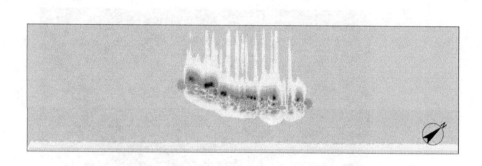

图 8.2-3　东南风模拟图

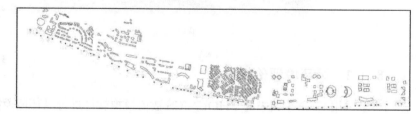

图 8.2-4　西北风下临江侧道路测点位置

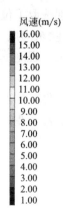
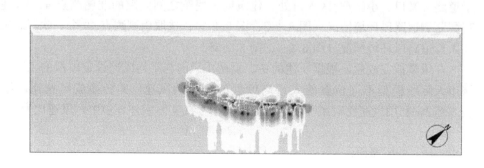

图 8.2-5　西北风模拟图

根据数据统计，北侧测点风速比为 $0.12\sim1.38$；南侧测点风速比为 $0.09\sim1.40$，均在 $0.5\sim2$ 之间，满足《绿色建筑评价标准》中风环境评价标准的情况。

北侧测点风速比　　　　　　　　　　　　　　表 8.2-1

测点	1	2	3	4	5	6	7	8	9	10	11	12	13	14	15	16	17	18	19	20	21
V_s (m/s)	5.82	3.48	2.66	3.37	1.23	7.28	3.40	5.20	6.84	4.36	2.03	2.17	7.38	2.46	3.90	9.90	4.73	2.48	3.51	3.12	2.60
v (m/s)	10	10	10	10	10	10	10	10	10	10	10	10	10	10	10	10	10	10	10	10	10
R	0.58	0.35	0.27	0.34	0.12	0.73	0.34	0.52	0.68	0.44	0.20	0.22	0.74	0.25	0.39	0.99	0.47	0.25	0.35	0.31	0.26
测点	22	23	24	25	26	27	28	29	30	31	32	33	34	35	36	37	38	39	40	41	
V_s (m/s)	2.07	6.23	10.53	4.61	6.06	4.57	14.15	9.64	2.16	2.16	7.94	11.23	13.78	5.08	11.71	12.41	9.90	2.16	9.02	1.38	
v (m/s)	10	10	10	10	10	10	10	10	10	10	10	10	10	10	10	10	10	10	10	10	
R	0.21	0.62	1.05	0.46	0.61	0.46	1.42	0.96	0.22	0.22	0.79	1.12	1.38	0.51	1.17	1.24	0.99	0.22	0.90	0.14	

南侧测点风速比　　　　　　　　　　　　　　表 8.2-2

测点	1	2	3	4	5	6	7	8	9	10	11	12	13	14	15	16	17	18	19	20
V_s (m/s)	13.98	13.22	7.86	5.75	3.14	4.04	3.07	4.76	3.91	0.57	0.41	3.37	10.33	4.02	2.63	1.51	7.06	7.02	7.93	6.55
v (m/s)	10	10	10	10	10	10	10	10	10	10	10	10	10	10	10	10	10	10	10	10
R	1.40	1.32	0.79	0.57	0.31	0.40	0.31	0.48	0.39	0.06	0.04	0.34	1.03	0.40	0.26	0.15	0.71	0.70	0.79	0.66
测点	21	22	23	24	25	26	27	28	29	30	31	32	33	34	35	36	37	38	39	40
V_s (m/s)	8.45	8.20	3.22	5.13	3.09	5.15	4.79	6.76	12.17	3.85	9.85	1.86	12.80	11.69	0.91	12.82	5.65	11.83	2.62	10.60
v (m/s)	10	10	10	10	10	10	10	10	10	10	10	10	10	10	10	10	10	10	10	10
R	0.85	0.82	0.32	0.51	0.31	0.51	0.48	0.68	1.22	0.38	0.98	0.19	1.28	1.17	0.09	1.28	0.57	1.18	0.26	1.06

8.2.3　天际线美观程度评价标准

对于天际线来说，高度的变化是决定天际线美观程度至关重要的因素，因此本节挑选了两个与高度最密切的天际线量化因子——轮廓曲折度与建筑起伏度，讨论与风环境的关系。

1. 轮廓曲折度

轮廓曲折度表示的是天际线的韵律感，轮廓曲折度越高，愉悦感就越强。通过对每个波段的低点与高点差值之和（$\Delta h_1 + \Delta h_2$）与两低点水平距离（ΔL）之比的百分数来计算轮廓曲折度（图 8.2-6）。轮廓曲折度：

$$k = \frac{\Delta h_1 + \Delta h_2}{\Delta L} \tag{8.2-2}$$

式中　　k——轮廓曲折度指数；

$\Delta h_1 + \Delta h_2$——每个波段的低点与高点差值之和（m）；

ΔL——水平距离（m）。

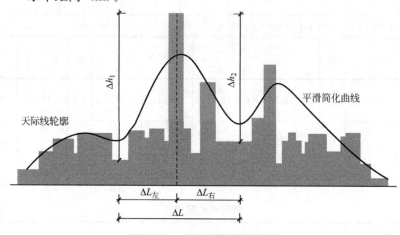

图 8.2-6　天际线轮廓曲折度

据此建立天际线模型的立面，并将其进行进一步的简化，选取天际线之中的局部制高点与局部最低点，连接成样条曲线，显示了钱江新城天际线轮廓的主走向。通过比较每段曲折度的指数来体现单个波段轮廓变化的丰富程度与地标建筑形象的突出程度（图 8.2-7）。

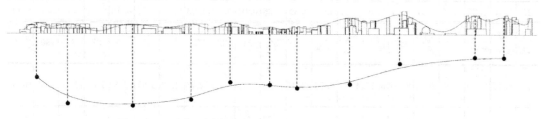

图 8.2-7　对应天际线主走向每波段最高点位置的建筑曲折度

2. 建筑起伏度

建筑起伏度体现的是天际线的节奏感，建筑起伏度越大，愉悦感就越强。建筑群体的高低起伏程度用单元建筑高度差来表示天际线建筑高度的变化（图 8.2-8）。

将选取的天际线岸水平距离每 100m 为一单元，并得出每个单元内最高最低建筑之差，即钱江新城建筑的起伏度。通过对每一单元的起伏度与其对应的风速比进行研究，探讨两者的关系（图 8.2-9、图 8.2-10）。

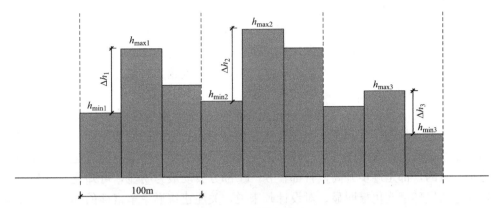

图 8.2-8 建筑起伏度

图 8.2-9 滨江方向天际线建筑起伏度与风速比曲线

图 8.2-10 南岸道路方向天际线建筑起伏度与风速比曲线

8.3 模拟结果与分析

8.3.1 钱江新城的北岸风环境与轮廓曲折度的关系

1. 对钱江新城北岸轮廓曲折度的分析

由图 8.2-7 可知，钱江新城的天际线轮廓曲折度的主走向线型是一个逐步升高的趋势，继而将天际线轮廓根据起伏波动分为 11 个部分（图 8.3-1）。通过对钱江新城天际线轮廓曲折度进行计算（表 8.3-1），其起伏范围在 0.08～0.46。波段 8～11 处的数据均是最高的，这一段对应钱江新城的 CBD 位置，其轮廓变化最为丰富，能够给观赏者带来愉悦感，其范围在 0.39～0.46 之间。

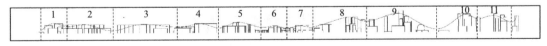

图 8.3-1 天际线轮廓对应的 11 个起伏

11 个起伏对应的轮廓曲折度　　　　　　　　　　　　表 8.3-1

序号	1	2	3	4	5	6	7	8	9	10	11
轮廓曲折度	0.30	0.09	0.08	0.12	0.26	0.24	0.22	0.39	0.41	0.46	0.46

2. 轮廓曲折度与风环境的关系

为了更深一步了解风速变化的丰富程度与轮廓曲折度是否有一定的联系，通过计算风速比的波动程度，引用风速比的离散度这一概念，计算风速比的方差，得到每个地块的风速的离散程度。离散度越小，风速比分布越均匀；离散度越大，风速比分布越不均匀，容易出现涡流和恶劣的风环境。

将天际线的轮廓曲折度曲线与风速比波动程度曲线分别拟合后进行比较（图 8.3-2、图 8.3-3）。从东南风与西北风下的风速比波动曲线来看，两线的趋势相同，且可知夏季风的波动比冬季波动大；对两图进行比较，天际线轮廓曲折度与两个方向风速比的波动程度的趋势是一致的，都是逐步升高，且都在 8～11 部分波动最为明显，可知建筑形象最丰富的位置处建筑风环境变化最明显。对设计师来说，关注建筑形象丰富性的同时，应注意风速比波动程度的趋势，防止风速变化过大对建筑带来过多影响。

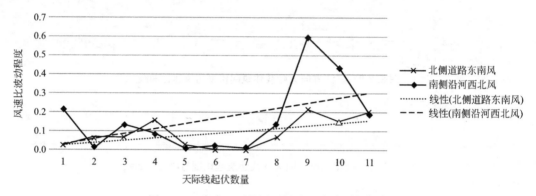

图 8.3-2 东南、西北风下风速比波动程度曲线

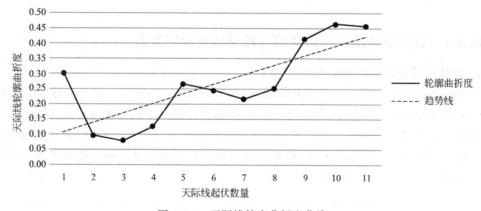

图 8.3-3 天际线轮廓曲折度曲线

8.3.2 钱江新城的北岸风环境与建筑起伏度的关系

1. 对钱江新城北岸建筑起伏度分析

根据北岸的天际线每隔 100m 中最高建筑与最低建筑（除裙房）之差的值，得到建筑起伏度，并将此段天际线按照不同的功能区块进行分类，以道路为界，将其分为 11 部分（图 8.3-4），计算不同部分所对应的高度差平均值，通过折线图（图 8.3-5）更能直观地看

出 CBD 处的起伏度最高，得到此天际线区域的建筑起伏度大致范围：居住部分在 0～43m；商业部分在 26～93m 发现起伏度最明显处位于钱江新城商业区 CBD 处（表 8.3-2），是能够给人们带来愉悦感的部分，其位置的起伏度范围在 50～93m 之间。

图 8.3-4　根据地块功能分成 11 部分

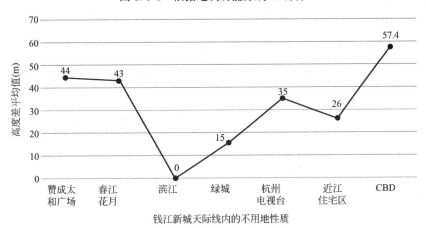

图 8.3-5　不同功能对应下的高度差平均值折线图

不同功能对应下的高度差平均值　　　　　　　　　　表 8.3-2

位置	赞成太和广场	春江花月	滨江	绿城	杭州电视台	近江住宅区	CBD				
编号	1	2	3	4	5	6	7	8	9	10	11
功能	商业	居住	居住	居住	商业	居住	商业	商业	商业	商业	商业
高度差平均值(m)	44	43	0	15	35	26	52	93	26	66	50

2. 轮廓曲折度与风环境的关系

将天际线高度差按照建筑类型分为 11 个区域后对其风速比也进行分区，为了更准确地得到风速比与建筑起伏度的差异程度，将不同风向下起伏度与风速比进行方差计算（表8.3-3）。通过计算散点分布情况，然后进行曲线拟合，可以得到方差下的建筑起伏度 x 与方差下的风速比 y 之间的曲线：

东南风：$y = -0.000003x^3 + 0.0003x^2 - 0.0027x + 0.1861$

西北风：$y = -0.000007x^3 + 0.0008x^2 - 0.022x + 0.337$

两条曲线表明（图 8.3-6、图 8.3-7），建筑起伏度与风速比的曲线呈现先降后升再降的趋势。y 值先随着 x 值的增大而减小，东南风下，当 $x=4.85$ 时，y 值达到最小值 0.17；西北风为 $x=18.00$ 时，y 值达到 0.15。当 x 值持续增大，y 值增大，且东南风在 $x=61.81$ 时，y 值达到最高 0.45，而西北风在 $x=58.18$ 时 y 达到 0.38，也就证明杭州钱江新城北岸在建筑起伏离散度为 61.81 与 58.18 时，造成的视觉感官最强，风速比离散度最大为 0.45 与 0.38，需注意风波动造成的不适风环境影响。同时，通过两条曲线的线型分析，西北风的起伏波动比东南风更加强烈，表明秋冬季风环境的影响比春夏季大。

不同风速下不同区域的起伏度与风速比方差值　　　　　　　　　　表 8.3-3

位置		赞成太和广场	春江花月	滨江	绿城	杭州电视台	近江住宅区	CBD				
功能		商业 1	居住 2	居住 3	居住 4	商业 2	居住 5	商业 3	商业 4	商业 5	商业 6	商业 7
方差	起伏度	14.14	19.55	0.00	19.48	27.23	24.15	48.38	60.70	35.88	77.75	53.59
	西北风	0.17	0.19	0.20	0.19	0.29	0.26	0.40	0.39	0.28	0.33	0.36
	起伏度	13.44	19.04	0.00	27.16	27.58	27.72	47.76	85.86	35.88	59.79	79.77
	东南风	0.15	0.21	0.33	0.19	0.20	0.28	0.32	0.16	0.29	0.55	0.43

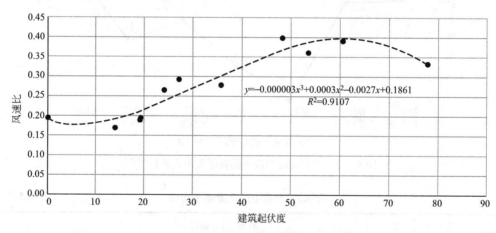

$$y=-0.000003x^3+0.0003x^2-0.0027x+0.1861$$
$$R^2=0.9107$$

图 8.3-6　东南风方差

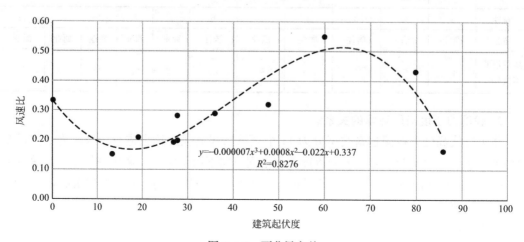

$$y=-0.000007x^3+0.0008x^2-0.022x+0.337$$
$$R^2=0.8276$$

图 8.3-7　西北风方差

8.4　结论

本书通过控制城市天际线的轮廓曲折度、建筑起伏度两个天际线美学的量化因子，观察和比较因子变化对滨江步行带与高层建筑周边道路风速和风向的影响，得到天际线美学量化因子对室外风环境的影响规律，并得到其与人居环境的关系。

具体结论：

（1）作为杭州钱江新城滨江天际线变化最丰富的区域，中央商务区的轮廓变化与高度起伏直接决定了整个天际线的美观程度。对应的轮廓曲折度范围在 0.39～0.46 之间，建筑起伏度范围在 50～93m 之间，且其周边风速比变化区间在 0.5～2，符合风环境舒适范围。建议在对未来城市天际线规划中保证舒适的风速比情况下，提高天际线的轮廓曲折度和建筑起伏度范围，提高主观愉悦度。

（2）随着天际线轮廓曲折度的升高，风速比离散度也相应逐渐增大。说明轮廓的丰富程度会影响风环境变化程度，建议在提高轮廓曲折度的同时注意风环境的调整。但是轮廓曲折度的变化与风速比的变化不存在函数关系。

对于轮廓曲折度来说，春夏季节对风环境的影响比秋冬季节更加强烈。

（3）建筑起伏度与风速比曲线呈现先降后升再降的趋势，建议在保证风环境的同时注重建筑起伏度的提高。其函数关系为：

东南风：$y=-0.000003x^3+0.0003x^2-0.0027x+0.1861$

西北风：$y=-0.000007x^3+0.0008x^2-0.022x+0.337$

对于建筑的起伏度来说，秋冬季节对风环境的影响比春夏季节更加强烈。

需要指出的是，本节仅对天际线美观度评价的两个因素——轮廓曲折度与建筑起伏度进行研究，还缺乏对天际线其他美观评价因素，如层次感、屋顶转折等复杂元素的分析；同时并未考虑地块外的建筑群对风环境的影响。以上不足将会在后续研究中进行改进。

第9章 基于风环境快速预测的
居住建筑布局自动生成
与比选方法

高层高密度的住宅用地开发形式和舒适的室外物理环境之间有着难以解决的矛盾。已有的高层住区风环境研究仅仅针对简单的总图布局进行了指导，无法应对大多数高层住区都是多种尺寸的点式＋板式建筑混合布置的现状，并且在方案阶段对每种布局都进行计算机模拟将耗费大量人力物力。本书提出一个新的工具，利用遗传算法的自动优化功能与全卷积神经网络的预测功能，整合高层住宅布局自动生成、风环境性能模拟与对比寻优三个功能，使得软件可以自动学习方案排布、快速得出特定容积率与地块条件下高层住宅布局的最优解法，为当今快节奏的建筑设计提供人居环境性能方面的指导。

9.1 概述

随着城市规模的快速扩张与高层建筑数量的爆炸增长，城市静风现象增多、空气滞留时间变长，导致空气质量显著下降。同时，随着人们环境意识的提高，居民在购房时也逐渐意识到小区室外物理环境的重要性，其中就包含建筑室外风环境。因此在小区总图布局阶段，进行风环境的研究与模拟是十分必要的。

在前面章节已经提到，目前，建筑群周围风环境相关研究主要通过现场实测、风洞试验和计算机模拟三种方法。随着计算机模拟技术的快速发展，Fluent、PHOENICS 等流体动力学（CFD）软件以其较高的可靠性和较为全面的性能被广泛应用于建筑风环境研究。在针对居住区风环境的研究中，LITTLEFAIR 等研究了住区的不同布局形态对风环境的不同作用，提出了依据不同布局形态合理影响其风环境的环境优化方案。阚琪等使用 PHOENICS 软件，通过改变建筑朝向达到了优化高层建筑群室外风环境的目的。周莉等利用 Fluent 软件对 3 幢一字排列的高层建筑进行计算机模拟，考虑了不同建筑间距对风环境的影响。单琪雅等以哈尔滨的气候条件为基础，通过 ENVI-met 软件模拟分析了严寒地区行列式、周边式及混合式建筑布局对风环境的影响。杨丽等利用 Fluent 软件研究了多种常见居住区平面布局形式与风环境之间的关系，得出了在当地盛行风向下住区平面布局形式的优劣顺序。张圣武通过 PHOENICS 软件模拟了不同的建筑设计要素对风环境的影响，并结合 3 个杭州居住区实例进行分析，得出了杭州地区的居住区风环境优化建议。总的来说，目前对于高层居住区风环境的研究主要侧重于改变建筑单体朝向、调整建筑间距、研究平面布局方式与风环境之间的影响关系以及特定城市的居住区布局优化建议，尚没有团队从风环境角度对较复杂的不等高点板混合式布局生成方式进行研究，这与现实生活中高层住区内部建筑单体高度不同、尺寸不同的情况不符。

同时，上述流体动力学软件也存在一定的不足：①软件模拟耗费时间长；②方案的择优步骤通过人为对比，这对设计人员的经验要求较高，找出的方案未必最优，并且当多种方案的模拟结果相近时，需要导出数值进行分析；③变量间的相互影响导致模型只能逐次优化，因此上述软件基本仅能针对某一特定的导入模型进行模拟，而无法从风环境角度对建筑形态与布局进行自动优化。正因为如此，传统优化方法是一个迭代的过程：设计师先提出初始模型，再对初始模型进行流体动力学分析并提出优化方案，接着设计师对原始模型进行修改，再对修改后的模型进行风环境分析。该过程需要多次循环，设计周期长，耗费大量人力物力。

为解决高层建筑自动优化问题，刘宇鹏、虞刚等提出了一个基于 Grasshopper 的参数化平台——通过调整城市形态来改善城市微气候的自动优化方法。但该平台仅对寒地城市——沈阳的冬季气候条件展开了实验，并且建筑尺度较粗略，无法对尺度较小的住宅建筑进行模拟与优化。

针对风环境角度的高层居住区布局自动生成问题，本书提出一种新的计算软件——"基于风环境快速预测的高层住宅布局自动生成与比选软件"，提供了长三角地区的不等高点板混合式高层居住区布局自动生成与比选方法，提高建筑师前期设计阶段的工作效率与设计精度。

9.2　研究方法

基于风环境快速预测的高层居住区布局自动生成与比选方法流程如图 9.2-1 所示。首先归纳出长三角地区高层住宅常用建筑尺寸与布局类型，生成高层建筑布局模型库；其次用 PHOENICS 软件对该模型库进行风环境模拟；接着，使用遗传算法和机器学习算法，寻找建筑群布局和风环境影响因素之间的关系；最后编写出一个新的计算软件，整合自动生成布局、风环境性能模拟与对比寻优三个模块，得出特定容积率和地块条件下的高层住宅布局最优解法。

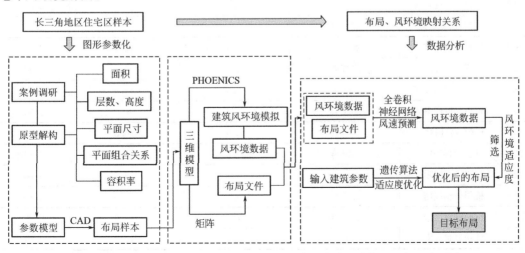

图 9.2-1　基于风环境快速预测的高层居住区布局自动生成与比选方法流程图

9.2.1 建筑布局的确定

1. 确定布局选型

研究小组对长三角地区 25 个有板式住宅的小区进行了调查和研究，选择的样本如下：上海金色领域、上海万科城二期、上海公园大道、南京宋都美域沁园、南京荣盛金陵学府、南京保利香槟国际、南京觅秀东园、南京乐业东苑、南京仁恒晶园、南京仁恒江湾城、南京和府奥园、南京银城西堤坊、南京银城西提二区、南京银城西提六区、南京九都荟 C 区、杭州金色家园、杭州锦绣江南、杭州白金海岸北区、杭州白金海岸南区、杭州春江时代、杭州水印城、杭州半岛国际、杭州风雅钱塘、杭州倾城之恋、杭州温馨人家（表 9.2-1～表 9.2-3）。

各住区基本经济技术指标表 表 9.2-1

编号	住区名称	建成年份	总用地面积（万 m^2）	总建筑面积（万 m^2）	容积率
1	上海金色领域	2015 年	4.1	8.2	2.00
2	上海万科城二期	2015 年	12.9	29.5	2.29
3	上海公园大道	2017 年	8.1	19.4	2.40
4	南京宋都美域沁园	2013 年	3.9	8.2	2.10
5	南京荣盛金陵学府	2017 年	8.0	16.0	2.00
6	南京保利香槟国际	2013 年	9.6	21.1	2.20
7	南京觅秀东园	2014 年	7.3	19.7	2.70
8	南京乐业东苑	2014 年	4.2	10.6	2.52
9	南京仁恒晶园	2010 年	4.3	10.0	2.36
10	南京仁恒江湾城	2014 年	8.7	20.1	2.30
11	南京和府奥园	2014 年	3.6	8.0	2.20
12	南京银城西堤坊	2008 年	3.1	9.0	2.92
13	南京银城西堤二区	2008 年	6.6	14.9	2.27
14	南京银城西堤六区	2010 年	3.2	7.14	2.23
15	南京九都荟 C 区	2015 年	1.8	3.6	2.00
16	杭州金色家园	2006 年	4.8	13.0	2.70
17	杭州锦绣江南	2007 年	4.6	16.1	3.50
18	杭州白金海岸北区	2006 年	6.9	15.9	2.30
19	杭州白金海岸南区	2006 年	4.2	9.7	2.30
20	杭州春江时代	2008 年	6.3	15.8	2.50
21	杭州水印城	2004 年	5.9	21.2	3.60
22	杭州半岛国际	2014 年	10.7	32.1	3.00
23	杭州风雅钱塘	2008 年	9.6	24.0	2.50
24	杭州倾城之恋	2008 年	7.1	19.9	2.80
25	杭州温馨人家	2007 年	6.6	17.4	2.64

各住区平面图 表 9.2-2

住区名称	平面图	住区名称	平面图	住区名称	平面图
1 上海金色领域		7 南京觅秀东园		13 南京银城西堤二区	
2 上海万科城二期		8 南京乐业东苑		14 南京银城西堤六区	
3 上海公园大道		9 南京仁恒晶园		15 南京九都荟C区	
4 南京宋都美域沁园		10 南京仁恒江湾城		16 杭州金色家园	
5 南京荣盛金陵学府		11 南京和府奥园		17 杭州锦绣江南	
6 南京保利香槟国际		12 南京银城西堤坊		18 杭州白金海岸北区	

续表

住区名称	平面图	住区名称	平面图	住区名称	平面图
19 杭州白金海岸南区		22 杭州半岛国际		25 杭州温馨人家	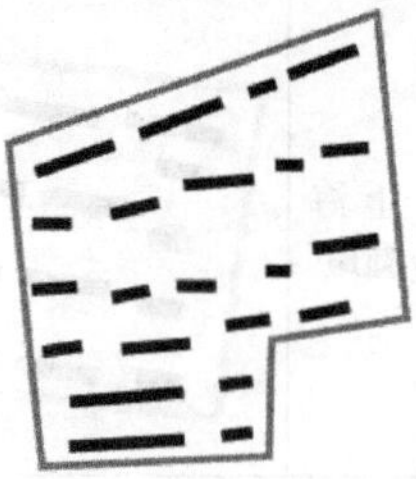
20 杭州春江时代	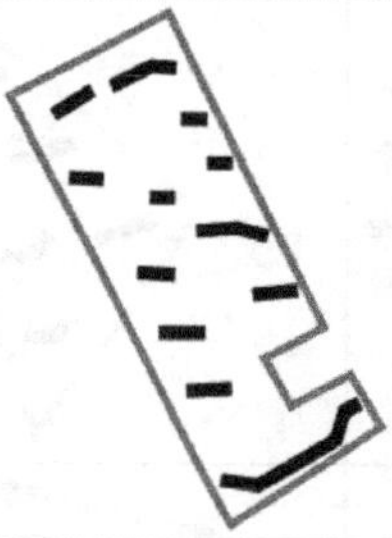	23 杭州风雅钱塘	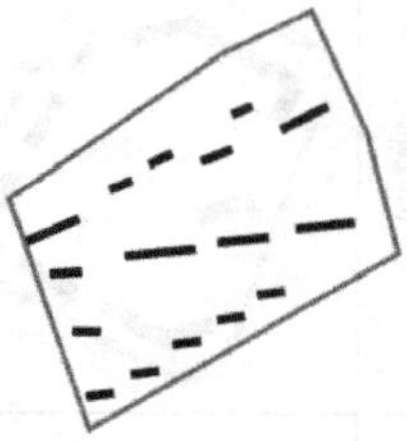		
21 杭州水印城		24 杭州倾城之恋	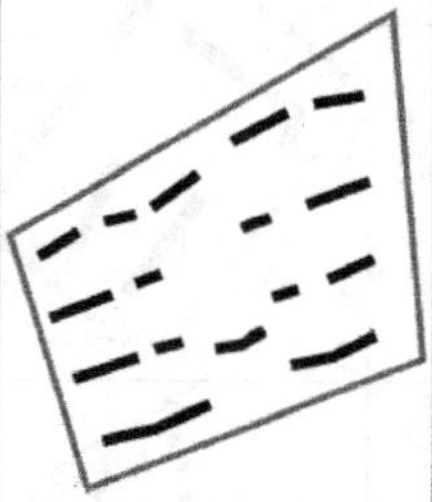		

样本住区布局类型表 表 9.2-3

类型	模式图	规模	住区名称	住宅类型	用地面积（km²）	容积率
小型住区	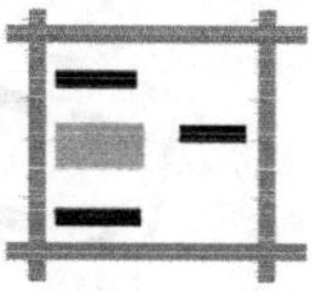	小于 3hm²	南京九都荟C区	点板结合	1.8	2.00
			南京银城西堤六区	板式	3.2	2.23
单中心围合式	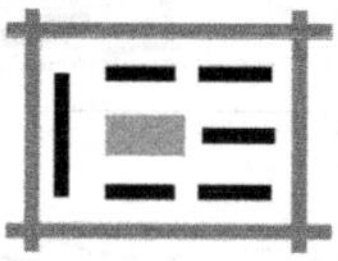	3~7hm²	南京宋都美域沁园	板式	3.9	2.10
			南京乐业东苑	板式	4.2	2.52
			杭州金色家园	点板结合	4.8	2.70
			杭州半岛国际	点板结合	6.6	2.64
			南京仁恒晶园	板式	4.3	2.36
多中心围合式	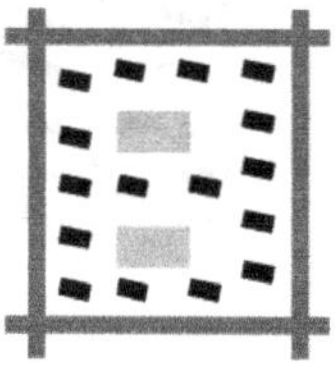	一般大于 6hm²	杭州春江时代	点板结合	6.3	2.50
			杭州风雅钱塘	点板结合	10.7	3.00

176

续表

类型	模式图	规模	住区名称	住宅类型	用地面积（km²）	容积率
散点式		大于 3hm²	杭州水印城	点式	5.9	3.60
			南京仁恒江湾城	点式	8.7	2.30
			南京银城西堤坊	点式	3.1	2.92
均布行列式		大于 3hm²	上海金色领域	板式	4.1	2.00
			南京觅秀东园	板式	7.3	2.70
			杭州锦绣江南	板式	4.6	3.50
			杭州白金海岸南区	板式	4.2	2.30
			南京和府奥园	板式	3.6	2.20
中心＋组团式		一般大于 6hm²	上海公园大道	板式	8.1	2.40
			杭州白金海岸北区	板式	6.9	2.30
			杭州温馨人家	点板结合	7.1	2.80
			上海万科城二期	板式	12.9	2.29
			南京荣盛金陵学府	板式	8.0	2.00
			南京保利香槟国际	板式	9.6	2.20
			杭州倾城之恋	点板结合	9.6	2.50
			南京银城西堤二区	板式	6.62	2.27

常规住区的平面分类方式为"行列式、周边式、点群式"三种，本节对这 25 个小区的平面布局进行分类，细化分成"小型住区、单中心围合式、多中心围合式、散点式、均布行列式、中心＋组团式"6 种布局方式。

通过前期调研得出的结论，研究小组在实验样本小区中使用的地块尺寸为 390m×240m，以 5m 为模数将地块划分为均匀的网格，方便后期写成矩阵形式，即地块可以分为 78×48 格，容积率控制为 2.6～2.65。为在设计阶段对建筑分布进行初步控制，避免不同层高、不同尺寸的建筑杂乱排列，将用地分割为小组团，组团性质为花园、道路、建筑（每个建筑组团内建筑等高）。实验小区内建筑总幢数为 20～40 幢，分为 3～7 个组团。

通过对 25 个小区的平面布局统计（表 9.2-4），可以发现其中"小型住区"布局占 8%，"单中心围合式"布局占 20%，"多中心围合式"布局占 8%，"散点式"布局占 12%，"均布行列式"布局占 20%，"中心＋组团式"布局占 32%。通过对夏热冬冷地区主要城市高层住宅建筑的形体数据进行调研，结合实地调研结果和统计数据，简化出实验中建筑布局的组团划分设计。

建築布局的組團劃分設計   表 9.2-4

布局序号	布局图(m)	布局序号	布局图(m)
布局 1	60×15 道路及花园 40×15　40×15 20×15　20×15	布局 7	40×15　60×15　40×15 40×15 20×15　道路　20×15
布局 2	60×15 8~12幢 道路及花园 40×15　40×15 20×15　20×15	布局 8	40×15　60×15　40×15 40×15 20×15　道路　20×15
布局 3	60×15 8~12幢 道路及花园 40×15　40×15 20×15　20×15	布局 9	60×15　花园　60×15 40×15 20×15　道路　20×15
布局 4	60×15 12~14幢 40×15　道路及花园　40×15 20×15　20×15	布局 10	40×15　60×15　40×15 40×15 40×15　20×15　道路　20×15　40×15
布局 5	60×15 12~14幢 40×15　道路及花园　40×15 20×15　20×15	布局 11	60×15 道路及花园 40×15　40×15 20×15　20×15
布局 6	60×15 14~18幢 道路及花园 20×15　20×15	布局 12	60×15 道路及花园 40×15　20×15　20×15　40×15

续表

布局序号	布局图（m）	布局序号	布局图（m）
布局 13	60×15；40×15；40×15（左）；40×15（右）；20×15；道路；20×15	布局 16	60×15；60×15；40×15；20×15；道路；20×15；40×15
布局 14	60×15；40×15；20×15；道路；20×15；40×15	布局 17	60×15；60×15；40×15；20×15；道路；20×15；40×15
布局 15	60×15；60×15；40×15；道路；40×15；20×15；20×15		

2. 确定建筑选型

通过对 25 个小区的建筑单体数量、建筑单体尺寸、用地面积和容积率进行调查，发现中高强度板式住宅最典型建筑高度与层数为 54m（18 层）和 100m（33 层）。建筑层数 18 层时，建筑面宽为 37~91m；层数为 33 层时，建筑面宽为 33~59m。

本研究使用的具体建筑尺寸为（表 9.2-5）：板式住宅，11 层 1 种（60m×15m），18 层 2 种（40m×15m、60m×15m），30 层 2 种（40m×15m、60m×15m）。点式住宅：11 层 1 种（20m×15m），18 层 1 种（20m×15m），30 层一种（20m×15m）。

所采用的建筑平面尺寸表　　　　　　表 9.2-5

建筑类型	编号	平面尺寸	层高
板式住宅	B1	60m×15m	11 层
	B2	40m×15m	18 层
	B3	60m×15m	
	B4	40m×15m	30 层
	B5	60m×15m	
点式住宅	P1	20m×15m	11 层
	P2	20m×15m	18 层
	P3	20m×15m	30 层

3. 确定建筑间距

建筑间距：建筑间东西间距按照《建筑设计防火规范》GB 50016—2014（2018 年版）设置，南北间距按照天正日照软件模拟设置（表 9.2-6、表 9.2-7）。

东西方向间距　　　　　　表 9.2-6

楼高	11F	18F	30F
间距	13m	13m	13m

南北方向间距　　　　　　表 9.2-7

类型	平面尺寸	11F	18F	30F
板式	40m×15m		33	40
	60m×15m	44	48	63
点式	20m×15m	16.3	17	17

9.2.2　确定风环境模拟参数

本研究调研了长三角地区典型城市——上海、南京、杭州三个城市的风环境数据（表 9.2-8）。

上海地区典型气象年气象数据表　　　　　　表 9.2-8

风向	春季		夏季		秋季		冬季	
	风向频率（%）	平均风速（m/s）	风向频率（%）	平均风速（m/s）	风向频率（%）	平均风速（m/s）	风向频率（%）	平均风速（m/s）
N	3.88	4.5	1.94	2.7	10.96	3.4	11.05	3.8
NNE	9.70	4.3	4.43	3.3	14.41	3.8	14.24	3.5
NE	5.54	4.0	9.97	3.8	8.93	3.5	10.76	3.2
ENE	8.86	3.6	13.57	3.5	10.09	3.9	7.56	2.7
E	7.76	3.7	11.91	3.4	7.78	3.4	4.94	2.1
ESE	11.91	3.8	14.96	3.4	5.48	3.1	6.40	2.6
SE	6.93	2.8	8.59	2.5	6.63	2.0	2.91	1.9
SSE	8.59	2.0	6.09	3.0	2.59	3.1	1.45	2.4
S	5.26	2.7	6.65	3.8	2.31	2.4	2.62	3.9
SSW	6.09	2.9	6.65	3.8	2.31	3.0	1.16	5.5
SW	6.09	3.3	6.65	3.9	1.44	2.4	2.62	2.9
WSW	2.22	2.3	2.49	3.0	2.59	2.1	4.36	2.3
W	2.77	3.2	3.60	2.5	5.48	2.3	6.69	2.7
WNW	6.65	3.5	0.55	3.0	3.75	3.1	5.52	3.6
NW	3.88	3.9	0.55	2.5	2.31	3.4	5.81	4.4
NNW	3.88	4.7	1.39	2.8	12.97	4.4	11.92	3.9

取表 9.2-8 中每个季节的风向频率最大值，得到表 9.2-9。

上海地区各季节最大频率风环境数据表　　　　　　　　　表 9.2-9

季节	最多风向	风向频率(%)	最多风向平均风速(m/s)
春季	ESE(112.5°)	11.91	3.8
夏季	ESE(112.5°)	14.96	3.4
秋季	NNE(22.5°)	14.41	3.8
冬季	NNE(22.5°)	14.24	3.5

根据相同的步骤，得出南京与杭州地区的季节最大频率风环境数据表（表 9.2-10、表 9.2-11）。

南京地区各季节最大频率风环境数据表　　　　　　　　　表 9.2-10

季节	最多风向	风向频率(%)	最多风向平均风速(m/s)
春季	ESE(112.5°)	9	3.8
夏季	SE(135°)	8	3.4
秋季	E(90°)	12	3.6
冬季	NE(45°)	10	3.5

杭州地区各季节最大频率风环境数据表　　　　　　　　　表 9.2-11

季节	最多风向	风向频率(%)	最多风向平均风速(m/s)
春季	ESE(112.5°)	8.86	2.2
夏季	SWS(202.5°)	9.55	2.3
秋季	E(90°)	7.73	2.0
冬季	NWN(22.5°)	10.94	2.2

综合三个城市的风环境数据，本研究采用的风速为 3m/s（地块上方 10m 高空处的风速），第一步先考虑正南风（S）和正北风（N）的情况。

9.2.3　风环境模拟及数据处理

1. 风环境模拟

通过在尺寸为 390m×240m 的地块中使用本书 9.2.1 节中总结的建筑单体尺寸进行住宅建筑"强排"方案设计（每种组合方案中只选用两种点式、两种板式），使用容积率为 2.6～2.65 进行控制，本研究得出了 179 种容积率组合方案，880 种平面布局方式。使用风环境模拟软件 PHOENICS 对这 880 种平面进行模拟，气候类型为亚热带季风气候，考虑冬季和夏季这两个季节的风环境条件，对应的风向假设为正北风和正南风，起始风速为 3m/s，暂且不考虑地块周围其他建筑的情况，将模拟区域尺寸设置为地块 XYZ 方向尺寸的各 3 倍（即 1170m×720m×270m）。模拟结束后将各方案人行高度 1.5m 处的风环境数据导出。

为方便对预测模型的实验效果进行分析，本研究在布局内部选取了 11 个居民频繁活动位置作为风速测点，分别为：小区出入口、小区内部道路中央、建筑组团中央与绿地组团中央的 1.5m 高度处。风速测点的分布如图 9.2-2 星状标记位置所示。

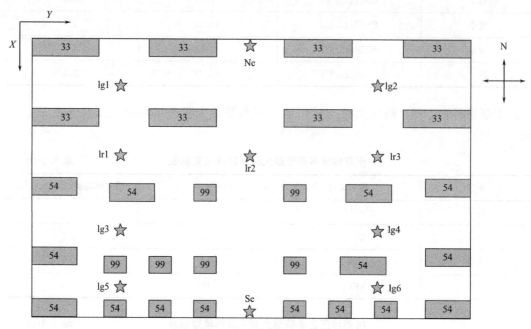

图 9.2-2　风速测点分布图

PHOENICS 软件的模拟过程分为三个阶段：前处理、求解和后处理。软件中有三个模块（前处理器、求解器和后处理器）分别对应完成这三个阶段的功能。在前处理阶段，主要是对建筑群进行网格化处理，即利用网格对建筑模型进行划分，网格的细度将很大程度上影响模拟的结果，越精细的网格模拟出来的结果越好，但是会消耗更多的模拟时间。在求解阶段，针对本章节研究的问题，软件利用基于 k-ε 湍流模型的求解器进行求解。k-ε 湍流模型是计算流体力学（CFD）中用于模拟湍流条件下平均流量特性的最常用模型。k-ε 模型的最初推动力是改进混合长度模型，以及找到代数法所规定的中度到高复杂度流动中湍流尺度的替代方法。k-ε 模型的本质是一系列偏微分方程，以标准 k-ε 模型为例，该模型中有两个传递变量：一个是湍动能 k，另一个是湍动能的耗散率 ε。求解它们的偏微分方程：

$$\frac{\partial(\rho k)}{\partial t}+\frac{\partial(\rho k u_i)}{\partial x_i}=\frac{\partial}{\partial x_j}\left[\frac{\mu_t}{\sigma_k}\frac{\partial k}{\partial x_j}\right]+2\mu_t E_{ij}E_{ij}-\rho\varepsilon \tag{9.2-1}$$

$$\frac{\partial(\rho\varepsilon)}{\partial t}+\frac{\partial(\rho\varepsilon u_i)}{\partial x_i}=\frac{\partial}{\partial x_j}\left[\frac{\mu_t}{\sigma_\varepsilon}\frac{\partial\varepsilon}{\partial x_j}\right]+C_{1\varepsilon}\frac{\varepsilon}{k}2\mu_t E_{ij}E_{ij}-C_{2\varepsilon}\rho\frac{\varepsilon^2}{k} \tag{9.2-2}$$

式中　　u_i——相应方向上的速度分量；

$\quad\quad E_{ij}$——变形率的分量；

$\quad\quad \mu_t$——涡流黏度。

方程还包括一些可调整的常数 $\sigma_k=1.00$，$\sigma_\varepsilon=1.30$，$C_{1\varepsilon}=1.44$ 和 $C_{2\varepsilon}=1.92$，这些

常数的值是通过对各种湍流进行数据拟合的无数次迭代得出的。求解阶段结束后，就可以得到整个建筑群布局内的风速分布，后处理阶段可以利用可视化软件展示风速分布图。对于本课题来说，关键是得到模拟后整个布局范围内的风速值，作为我们预测模型的真实值。

模拟结束后对每个方案三维空间内的风环境数据进行导出，每个风速下的平面方案对应 66564 个风环境测点数据。经过上述的模拟过程，得到了训练数据库，包括建筑模型数据库和风环境模拟结果数据库。但是，要应用到研究中，还需要对数据进行一系列的处理工作。

2. 数据处理

本课题的一个难点就是如何表示建筑群布局。计算机不能直接读懂 CAD 平面图代表的含义，因此必须将布局用计算机能够读懂和计算的方式来表示。考虑到本课题的研究对象是一个矩形的范围，因此可以选用矩阵表示法来表示建筑群布局。实验中，以 $5m \times 5m$ 的正方形为一个单元格，将整个矩形范围划分成 48×78 个单位大小的矩阵，由于每栋建筑的尺寸刚好是 5 的倍数，因此该表示方法可以很好地表示所有建筑。同时，为了区分不同建筑的高度，在单元格内填入此处建筑的高度，空地的高度记为 0。为了区分不同的建筑类型，对建筑进行了编号。由此得到了一个新的住宅建筑类型尺寸表，见表 9.2-12。处理完的布局数据以 Numpy 的格式保存在文件中。

矩阵表示法下的住宅建筑类型尺寸参数表　　　　　　　表 9.2-12

建筑类型	建筑编号	单位长	单位宽	单位值
板式住宅	B_1	12	3	33
	B_2	8	3	54
	B_3	12	3	54
	B_4	8	3	90
	B_5	12	3	90
点式住宅	P_1	4	3	33
	P_2	4	3	54
	P_3	4	3	90

处理完建筑群布局数据后，接下来还需要处理软件模拟得出的风速数据。原始风速的数据点分布在整个布局范围内，数据点多达上万个，但是相邻数据点之间的差别很小。为了和上面提到的矩阵表示法对应起来，需要找到每个单元格的对应风速。因此，对风速数据也用 $5m \times 5m$ 的单元格进行划分，得到风速的矩阵。对于每一个单元格，内部可能有许多个风速数据，因为这些风速数据之间的差异很小，所有可以使用风速的平均值来表示这个单元格的风速。由此，将上万个数据点的规模缩小到了 3744 个，但是保留了大部分有效的数据。

至此，每一个单元格都有一一对应的风速值，上述数据主要用于风环境预测模型，建筑群布局矩阵将作为模型的输入，对应的风速将作为模型的输出。图 9.2-3 和图 9.2-4 分别展示了某个建筑群的布局图及其风速分布图。由于时间有限，最终得到 200 多份实验数据，并将其以 7：3 的比例划分为训练集和测试集。

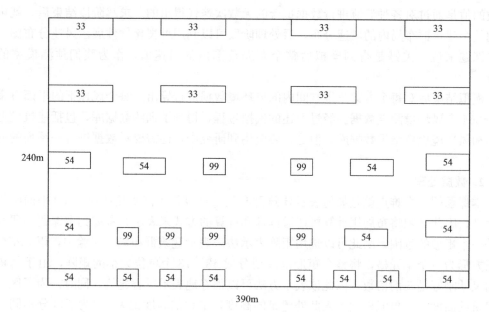

图 9.2-3　建筑布局图

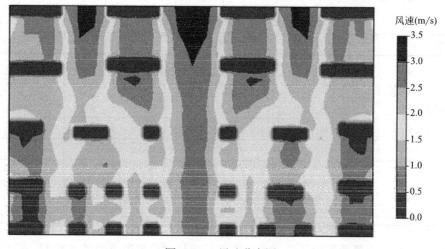

图 9.2-4　风速分布图

9.3　软件搭建

9.3.1　开发工具和库介绍

1. PHOENICS

前面章节已经较为详细地介绍了 PHOENICS 软件。本实验的数据就来源于该软件的模拟结果。

2. Tensorflow

Tensorflow 是 Google 公司在 2015 年开源的深度学习框架，它为一些常见的场景应用诸如图像处理、自然语言处理等带来了很大的便利。Tensorflow 提供了许多深度学习 API，例如梯度下降算法、二维卷积神经网络以及各种优化器等，使用者无须写复杂的程序就可以快速实现并训练一个完整的网络模型。2019 年 Tensorflow 2.0 版本发布，加入了 Keras 框架，摒弃了 Tensorflow 1.x 版本中许多烦琐的功能，使得开发更加方便高效。本实验基于 Tensorflow 2.1 版本构建卷积神经网络进行图像处理工作，实现风环境的模拟。

3. PyQt

PyQt 是基于 Qt 开发框架二次开发，以适配 Python 语言的一类 GUI 框架。目前它已经发展到 5.x 版本，开发文档丰富，社区活跃，受众面很广。PyQt 的学习成本低且开发迅速，只需要简单的几行代码，就可以实现一个简单的应用程序。在本课题中，利用 PyQt 5.9 版本进行开发，并将程序打包成可执行文件，可以在跨平台的环境下使用，不需要依赖其他的环境。

9.3.2 算法描述

1. 遗传算法

遗传算法是一种通过模拟自然界中生物进化机制来解决问题的优化算法，也称为进化算法。它的主要特点是直接对结构对象进行操作，采用概率优化方法，不需要一定的规则就可以自动获取和指导优化的搜索空间，并自适应地调整搜索方向。遗传算法的核心思想是选择、交叉和变异，通过对参数编码、种群初始化、适应度函数设计以及遗传操作等步骤完成整个算法过程，遗传算法的流程如图 9.3-1 所示。

遗传算法中从一组随机生成的初始个体出发，经过选择、交叉、变异这三个过程，产生新一代更优质的个体。再根据个体适应度来进行选择进入下一轮迭代，从而再进一步提高种群的质量。经过反复多次这样的迭代过程，不断逼近最适合问题的解，也就是最优解。

在空间布局优化问题上，可以使用遗传算法对布局方案进行有效约束。传统的遗传算法采用二进

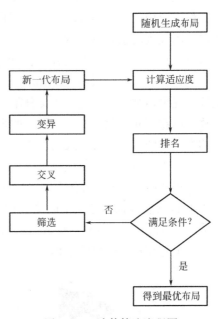

图 9.3-1　遗传算法流程图

制或者整数编码方式对个体进行编码，可以很好地解决一系列优化问题。但是这两类编码方式都是线性的，而本课题研究的问题属于二维平面问题，因此这些编码方式已经不能很好地表示我们要研究的对象，所有需要另寻其他的表示方式。在平面问题上，矩阵具有很好的表达能力，可以保存位置信息以及该位置上的值，因此本课题对传统的遗传算法进行改进，采用矩阵表示法来表示一个局部个体，即将平面布局利用固定大小的网格进行划

分，形成一个大的矩阵。

本课题以建筑之间的最小间距为优化目标，在计算布局个体的适应度时采用如下公式：

$$Penality = \sum \frac{Dis_{truth}^d}{Dis_{min}^d + 1} \tag{9.3-1}$$

$$Fitness = \frac{1}{\sum_i^{N_b} Penalty_i + 1} \tag{9.3-2}$$

式中　d——方向，共有东、西、南、北四个方向；

Dis_{truth}^d——d 方向上的真实间距（m）；

Dis_{min}^d——d 方向上的最小间距（m）。

计算每个方向上的间距差并求四个方向的真实间距和最小间距之比作为惩罚值，取倒数即为一栋建筑的适应度，整个布局的适应度为所有 N 栋建筑的适应度之和。该计算公式说明如果实际间距和最小间距越接近，适应度会越高。

经过多轮迭代后，布局的适应度会趋于一个稳定值，该适应度对应的布局即为最优解。

2. 全卷积神经网络

卷积神经网络（CNN）通过构造多层卷积层自动提取图像上的特征。一般而言，较浅的卷积层使用较小的感知域来学习图像的一些局部特征（例如纹理特征）。后面更深的卷积层使用较大的感知域，并且可以学习更多抽象特征（例如对象大小、位置和方向信息等）。目前 CNN 已被广泛应用于图像分类和图像检测领域。

全卷积神经网络最早由 Long J 等人于 2015 年针对 CNN 在图像精细分割上存在的局限性而提出，被应用于图像语义分割（Semantic Segmentation）领域。该神经网络通过对图片进行卷积和池化操作，将图片的每个像素分成一个类别，每个类别对应于检测到的物体的类型，即汽车、行人或狗。通常 CNN 网络在卷积层之后会接上若干个全连接层，将卷积层产生的特征图映射成一个固定长度的特征向量，表示输入图像属于每一类的概率。

与传统的 CNN 使用全连接层获得固定长度的特征向量以在卷积层中进行分类不同，FCN 可以接受任何尺寸大小的输入图像，并使用反卷积层对最后一个卷积层的特征图进行采样，以便它能恢复到与输入图像相同的大小，从而可以为每个像素生成预测。图 9.3-2 展示了全卷积神经网络的结构图。

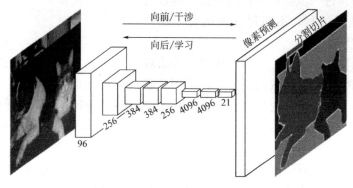

图 9.3-2　全卷积神经网络结构图

简单地来说，FCN 与 CNN 的主要区别在于 FCN 把 CNN 最后的全连接层换成了卷积层，输出的是一张和原始图像尺寸相同的带有标签的图片。因为该网络中所有的层都是卷积层，故称为全卷积神经网络。

9.3.3　布局优化

依照遗传算法的流程，在进行布局优化之前，我们需要根据用户输入的布局参数，随机生成一组初始布局。首先，建筑师输入风向、建筑类型、建筑数量，选择所选用的平面布局方案，不同建筑将在矩阵范围内随机摆放，保证建筑能够全部放入布局，并且不会出现重叠的情况。实验共随机产生 50 个不同的初始布局，这些布局将在软件后台生成并保存，用于后续的优化过程。

得到初始化布局后，需要计算所有布局的适应度。本课题选定的优化目标是相邻建筑的东西间距和南北间距达到适宜距离的最小值，间距过大会导致土地资源的浪费，过小会影响建筑群内部的风环境以及日照等诸多要素。本课题基于建筑间距设计适应度函数，间距过大和间距不足都将减弱布局的适应度。对于单个布局，我们计算每一栋建筑与它相邻建筑之间的间距，真实间距和最小间距之比作为该栋建筑的"惩罚值"，"惩罚值"越大，说明建筑间距要么过大，要么过小。最后，对该布局内所有建筑的"惩罚值"求和，得到整个布局的"惩罚值"，"惩罚值"越大，该布局的适应度越小，被淘汰的可能性越大。淘汰后的布局将不再参加下一轮优化，这保证了算法朝着最优解的方向更新。

根据计算得到的适应度从高到低排序，筛选出前 10 名的布局。可以把每一个布局想象成一条染色体，建筑看作组成染色体的基因。这 10 个布局经过染色体交叉、基因突变产生新的"孩子"布局。染色体交叉过程在实际中是交换两个配对布局的相同类型建筑的矩阵坐标位置。而基因突变在实际中是随机改变新产生的布局中某一栋建筑的矩阵坐标位置。新产生的个体将继续执行上述的计算适应度、选择、交叉、变异过程得到下一代布局。给定适应度的一个阈值（本节中阈值取 100），如果某一代新产生的布局的最差适应度达到这个阈值，就停止优化过程。

上述基于遗传算法的优化过程最终能得到一批满足条件的布局，软件会向设计师返回 10 个适应度最强的布局，并进行可视化展示。

9.3.4　风速预测

基于上一步优化后的布局，需要对其进行风环境的模拟，即风速的预测。以往的学者在研究风环境的时候，通常的做法是设计好一个布局后，利用软件的计算流体力学软件进行风环境的模拟，以得到该布局内部和周围的风速情况。但是利用软件模拟的方式非常耗时，因此需要利用算法去建立一个模型来实现软件的功能，在允许一定误差的情况下，尽可能缩短模拟的时间。以往的学者将这类模型称为代理模型（Surrogate Models），代理模型可以追溯到 20 世纪 80 年代有关计算机实验的设计和分析的工作，常见的代理模型有多项式响应面模型、Kriging 模型、高斯过程模型和神经网络模型。

本章节选用全卷积神经网络模型作为代理模型，代替专业软件完成它们的功能。在机器学习领域，模型是通过学习数据的特征来提升自己的鲁棒性。通常在进行模型训练之前需要进行特征工程，特征工程的质量将决定模型训练结果的好坏。然而，对于本章节研究的内容而言，很难对一个空间布局做特征工程，建筑物排布的特征、相邻建筑之间的关系特征以及整体特征很难提取，因此利用传统机器学习方法去建立回归预测模型很难行得通。既然这样，我们可以考虑使用深度神经网络，把一个布局平面类比成一张图片，每一个单元格就是一个像素点，然后利用卷积神经网络建模。近几年来，卷积神经网络在图像处理领域取得了飞跃式的进步，无论是分类任何还是回归任务，它的表现都很优秀，事实证明了其可行性。本课题构建了一个8层的全卷积神经网络，其中前四层为卷积层，卷积核的个数从8开始依次倍增，后四层为反卷积层，卷积核的个数依次倍减，网络结构如图9.3-3所示。

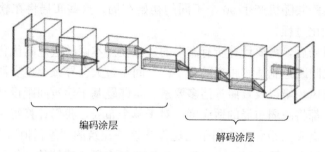

编码涂层

解码涂层

图9.3-3　基于FCN的CFD代理模型网络结构

本实验利用Tensorflow 2.0版本构建该网络，每个卷积层的卷积核大小为3×3，stride为1，训练过程中的学习率为0.0004，使用adam作为优化器，一个batch的大小为8，共训练了20轮。

9.4　实验结果分析

9.4.1　布局优化效果分析

本节选用一个样本模型对遗传算法的优化效果进行分析。表9.4-1为某次实验选择的建筑参数，其中风向考虑的是北风，共有4种建筑，每种建筑的数量为6或7，该数量和真实情况比较相符。图9.4-1和图9.4-2展示了基于遗传算法优化前后的布局图对比。

实验所用建筑参数表　　　　　　　　　　　　　　表9.4-1

风向	建筑类型	建筑编号	数量
北风	板式住宅	B1	0
		B2	6
		B3	7
		B4	0
		B5	0
	点式住宅	P1	0
		P2	6
		P3	6

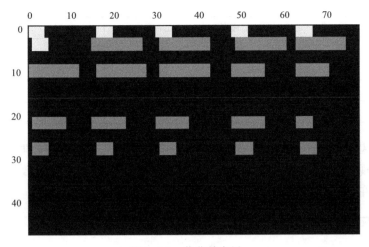

图 9.4-1　优化前布局

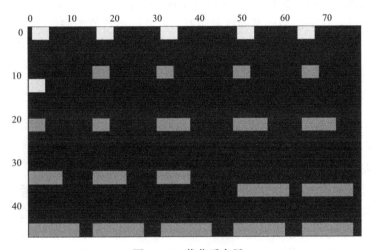

图 9.4-2　优化后布局

从优化前后的对比来看，优化前部分建筑之间的间距过小，这显然是不符合建筑设计要求的。另外，优化前土地资源没有很好地利用起来，导致有部分空地的存在。优化后，建筑群的排布得到了有效的改善，建筑之间不存在紧贴的情况，土地的利用率也得到了很大的提升，这更加符合实际的建筑设计要求。同时，可以看到，优化前后一些建筑的相对位置发生了改变，这是由于遗传算法中的交叉过程所导致的。另外，还有一些建筑的位置发生了略微的偏移，但是没有大范围的改变。这是由于遗传算法中的变异过程所导致的，我们会小概率随机指定某栋建筑在小范围内进行移动，以模拟基因的变异过程（表 9.4-2）。

不同参数下遗传算法优化效果对比　　　　　　　　　　表 9.4-2

初始化次数	父控件数	优化前适应度	优化后适应度	耗时(s)	改进
50	10	0.021	0.063	173	200.0%
50	20	0.022	0.098	256	345.5%

续表

初始化次数	父控件数	优化前适应度	优化后适应度	耗时(s)	改进
100	10	0.025	0.062	83	146.0%
100	20	0.033	0.070	32	108.1%
200	10	0.026	0.066	80	152.7%
200	20	0.040	0.091	34	126.6%

实验结果表明，该优化算法在空间布局优化问题上起到了较好的效果，并且算法的执行过程没有出现错误，算法的解释性较强。优化的时长取决于建筑的数量和布局的复杂度，平均时间在 1min 内完成整个优化过程。

9.4.2 风速预测效果分析

本章节使用均方误差（MSE）作为评价指标，用于评价真实风速和预测风速之间的误差。计算方法为预测值与实际值之差的平方和与样本数据量的比值，MSE 值越小，预测的准确度就越高，预测模型的准确度就越好。因此，本章节实验训练模型准确性可以使用均方误差来作为评估的标准。在实验中，通过计算预测的风速与 PHOENICS 模拟得出的风速之间的均方误差，来评价模型的训练效果和准确度。均方误差的计算公式为：

$$MSE = \frac{1}{n} \sum_{i=1}^{n} (y_{\text{truth } i} - y_{\text{predict } i})^2 \tag{9.4-1}$$

式中　n——样本数据量，即一个布局内的单元格数（个）；

　　$y_{\text{truth } i}$——风速的真实值（m/s）；

　　$y_{\text{predict } i}$——风速的预测值（m/s）。

模型训练过程中均方误差的变化趋势如图 9.4-3 所示。从图中可以看出，模型的均方误差呈下降趋势，前 6 轮的下降趋势比较快，随着模型的鲁棒性增强，均方误差下降的趋势变缓，到第 12 轮之后均方误差基本保持不变，这表明模型的训练效果已经达到了最优。经过 15 轮的训练，模型在训练集上的均方误差达到 0.13 左右，在测试集上的误差达到 0.16 左右。

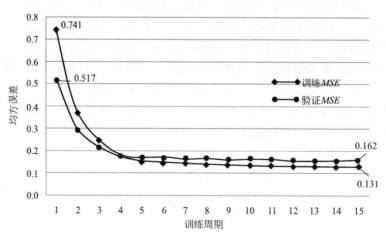

图 9.4-3　模型训练过程中均方误差变化趋势

经分析可知，在 0.16 的测试误差下，风速误差的平均值在 0.5m/s 左右，而实际的风速范围在 0~4m/s，从体表感受上来讲，该误差可以被接受。通过实验对比在不同参数下模型预测的效果。结果表明，batch size 越小模型的效果越好，测试样本的 MSE 分布在 0.16 周围（表 9.4-3）。

不同参数下模型预测的效果　　　　　　　　　　　　　　　　表 9.4-3

训练周期	批量大小	学习能力	CPU 时间（min）	训练 MS 值	验证 MSE 值
15	32	0.0004	57.85	0.336	0.362
15	16	0.0004	63.42	0.152	0.175
15	8	0.0004	65.96	0.142	0.166
15	32	0.0010	50.50	0.145	0.169
15	16	0.0010	50.85	0.140	0.167
15	8	0.0010	52.85	0.131	0.162

为了进一步分析模型的预测效果，对比了软件模拟和模型预测的时间效率，见表 9.4-4。从表中的数据可以看出，虽然模型的训练过程耗时 1h，预测一个布局耗时只需要数秒的时间，相比利用 PHOENICS 软件模拟，这个时间效率提高是显而易见的，模型的效果达到了预期效果。

软件模拟和模型预测时间效率对比　　　　　　　　　　　　　表 9.4-4

方法	训练时间（h）	评估每个布局的时间（s）
Phoenics	—	600~1200
FCN Model	≈1.00	≈1.07

9.5　软件介绍及基本操作

9.5.1　居住建筑布局自动生成与比选软件介绍

本软件基于 PyQt 框架构建的软件系统，算法层面分别使用遗传算法实现建筑群布局的优化，卷积神经网络实现风环境模拟从而得到风速的预测值。软件系统执行流程为：输入给定的建筑参数，利用遗传算法得到优化后的建筑群布局，筛选出若干个较优的布局方案呈现给设计师。在此基础上，对优化后的布局进行风环境模拟，得到整个布局内部的风速分布。这样可以进一步为设计师选择合适的布局方案提供参考依据，在设计阶段通过很少的参数就能直接得到较优质的建筑群布局方案。

软件主要用于住宅建筑群布局优化设计，为设计师选择合适的布局方案提供参考依据。本软件利用遗传算法的优化功能，基于建筑间的最小间距对建筑群的布局进行优化，并利用卷积神经网络模型对建筑群内部的风环境进行预测。结合两种算法，筛选出符合要求的布局方案。

软件的主要功能包括：建筑群内部风环境预测和建筑群布局的自动优化排布。建筑设计师先在"新建"界面输入建筑参数和风环境参数，程序根据建筑参数在布局内随机摆放

风环境视野下的建筑布局设计方法

建筑，生成若干个不同的布局方案；再用优化算法对这些布局进行优化，得到满足最小建筑间距要求的布局方案；然后利用预测模型对优化好的布局进行风环境模拟，得到布局内部所有位置的风速预测值；最终将布局方案最优解及其风环境模拟结果在界面中展示给建筑设计师。

9.5.2 软件基本操作

软件启动后主界面如图 9.5-1 所示。

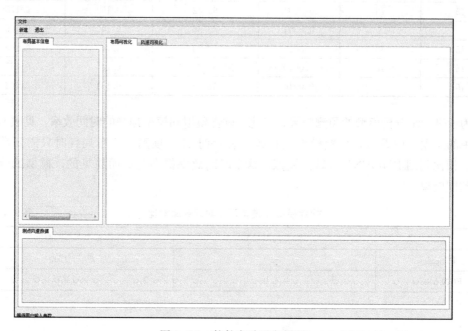

图 9.5-1 软件启动后主界面

首先需要新建一个案例，输入风环境参数、建筑参数以及布局类型参数，如图 9.5-2 所示。

新建界面如图 9.5-3～图 9.5-5 所示。

在"风环境参数"栏中可对风向进行设置，可设置为"N（冬季风向）"或"S（夏季风向）"。

在"建筑参数"栏中可对所选取的建筑尺寸与建筑数量进行设置，提供了 5 种板式住宅和 3 种点式住宅，在右侧"数量（幢）"栏下方输入所选取的建筑尺寸对应数量。

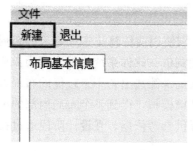

图 9.5-2 软件新建案例位置

在"布局类型"栏中可对建筑群排布方式进行设置，提供了 4 种布局类型。

参数输入的过程中会进行数据合法性的检查，如果数据输入不合法，就无法点击确定按钮。如果输入参数合法，点击确定按钮后，会弹出"正在执行中"的提示框，如图 9.5-6 所示。

192

图 9.5-3　新建案例风环境参数设置

图 9.5-4　新建案例建筑参数设置

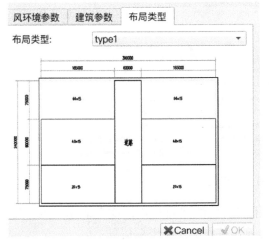

图 9.5-5　新建案例建筑布局类型设置

图 9.5-6　"正在执行中"提示框

9.5.3　居住建筑布局自动生成

在进行新建案例的参数设置后，软件内部会完成包括布局生成、布局优化和风速预测等所有流程，执行结束后，提示框会自动关闭，用户可以在软件界面上看到布局信息和测点风速数据表以及布局可视化图和风速可视化图。

在软件界面的左侧，展示着排名前 10 名的布局信息和 11 个测点的风速数据表，如图 9.5-7 和图 9.5-8 所示。布局信息表给出了筛选出来的最优布局的编号以及它们的基本信息，测点风速数据表展示了每个布局 11 个测点上的风速。选择"布局基本信息"中的"布局编号"，测点风速数据表中的数据会对应不同排布方案进行改变。

运行结束后，在软件界面的右侧有两个选项卡，即"布局可视化"和"风速可视化"，如图 9.5-9 所示。当在左侧布局信息表中选定一个布局后，布局可视化选项卡就会显示出

布局基本信息		
布局编号	风向	布局编号
1	north	type1
2	north	type1
3	north	type1
4	north	type1
5	north	type1
6	north	type1
7	north	type1
8	north	type1
9	north	type1
10	north	type1

图 9.5-7　布局信息可视化界面

测点风速数据										
布局编号	Ne	Se	lg1	lg2	lg3	lg4	lg5	lg6	lr1	lr2	lr3
1	2.6752968	1.3532605	1.3366326	1.4788592	1.4217335	1.4653529	0.60456467	0.79527986	1.7237124	1.9984728	2.3761191
2	2.4234884	1.5235568	1.511756	1.7029301	1.3169962	1.7915374	0.24023008	0.19376165	2.0877771	1.9984728	2.1651244
3	2.7025976	1.3532605	1.1540598	1.5304375	2.3369465	1.1326331	0.8179982	1.4414215	2.1651244	1.9984728	2.7208722
4	2.7376182	1.3532605	1.5981821	0.33730084	1.3155093	0.6632674	1.0995165	1.1344233	2.1683712	1.9984728	2.1704507
5	2.5935059	1.3462756	1.9357176	1.4984415	1.2430296	0.6714517	0.53270566	1.094224	2.284747	1.9984728	2.284747
6	2.826511	1.3532605	1.5784574	1.9035184	1.2888579	1.5267847	0.22376525	0.0	2.040565	1.9984728	1.9179804
7	2.7376182	1.3257813	0.2573219	0.94277287	1.80881	1.748993	0.420506	0.48185933	2.3761191	1.9984728	2.802464
8	2.6995196	1.6019264	0.0	1.5327148	0.5002372	0.852213	0.6818121	1.0370167	1.9989097	1.9984728	2.1651244

图 9.5-8　测点风速数据可视化界面

该布局下的建筑群布局图，如图 9.5-10 所示，不同高度的建筑用不同颜色表示。点击鼠标左键可对视图进行三维旋转，鼠标停留处可显示出该点的三维坐标信息。

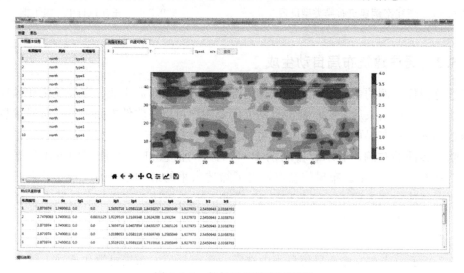

图 9.5-9　软件运行结束后界面

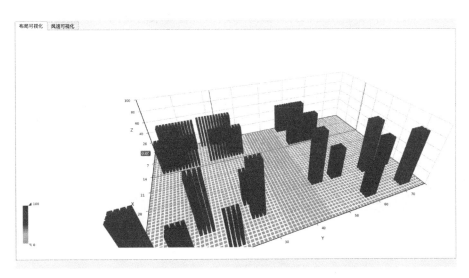

图 9.5-10　建筑群布局可视化界面

在风速可视化选项卡内，展示了选中布局内部的风速分布图，如图 9.5-11 所示。软件中用不同的颜色表示风速大小，颜色越暖则说明风速越大，颜色越冷说明风速越小。在这个选项框内，还提供了一个风速查询功能。输入布局上任意位置的三维坐标，点击"查询"按钮就可以进行查询。

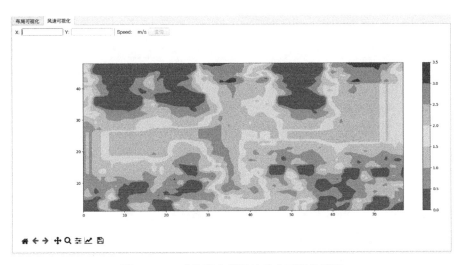

图 9.5-11　建筑群内部风速分布可视化界面

点击"布局可视化"和"风速可视化"两个选项卡内的"💾"按钮，可以保存选中布局的总平面图和风速分布图。

9.6　结论

本章在调研与总结长三角地区高层住宅建筑原型的基础上，利用遗传算法的优化功能，基于建筑间的最小间距对建筑群的布局进行优化，并利用全卷积神经网络模型对建筑群内部的风环境进行预测，结合两种算法，筛选出符合要求的布局方案，最终提出了一种基于风环境快速预测的高层居住建筑总图布局与自动比选方法。经过误差分析以及与传统模拟方法的时间效率对比，该方法生成的风速数据误差被控制在有意义的范围内，时间效率提升显著。

但本章仍有一定的局限性。本章所使用的案例与数据来自长三角地区的实际案例，但研究采用的地块大小、地块容积率、风速是预设数据，未能提供普遍适用的高层住宅自动生成方案与风环境模拟结果。该研究目前与设计院合作，通过对更多实际案例的模拟误差分析来进一步完善该方法的普适性。因此在后续的研究中将逐步增加对地块大小、地块形状、容积率、风速、风向的补充数据库。

第 10 章 "形态-性能" 耦合机制下建筑设计方案数字化寻优方法

随着建筑行业的快速发展，绿色建筑的概念开始进入国内外建筑师的视野，其所遵循的建筑法则也逐渐成为当代建筑设计的基本原则。由于中国夏热冬冷地区城市室外风、热环境形势严峻，尤以商务中心区问题突出，为了从规划设计阶段着手控制和改善室外风热环境质量，中国颁布了多个绿色建筑评价标准和设计规范。但是考虑到实际项目的复杂性和多样性，单从设计规范角度入手已无法解决矛盾日益突出的公共建筑群室外舒适度问题。

基于现状，本章提出一个新的论题——基于"形态-性能"耦合机制下的建筑设计方案数字化，通过 Rhino、Grasshopper 进行高层建筑群布局的形态生成，并运用 Grasshopper 插件进行建筑群风环境性能模拟，基于遗传算法，运用 Galapagos 插件进行方案的自动寻优与比较。并且，前九章中笔者对风环境视野下的多种建筑布局形式进行深入研究，探讨出多种布局合理的量化因子也可被输入到电池组中，进行自动优化的比选，为建筑师提供参考。

10.1 概论

随着城市化进程不断加快，中国的城市规模不断扩张，能源紧缺、污染物增加和气候变暖等城市病日益显著，城市微气候的环境在不断恶化。东部沿海地区针对城市人口不断集聚化的问题，有针对性地提出缓解城市环境压力、提高居民生活品质的有效方法。本章以此为出发点，以满足夏热冬冷地区人体室外热舒适度指标（UTCI）需求为具体目标，结合数字化自动寻优技术，尝试建立一套基于热舒适需求的公共建筑布局自动生成与寻优的方法路径，以改善夏热冬冷地区的城市微气候环境。

申杰于 2012 年进行了基于 Grasshopper 的绿色建筑技术分析方法应用研究，研究说明参数化设计量化了事物之间的参数化设计逻辑，不仅是能够实现高度复杂性设计的技术工具，同时也可以优化已有的主流建筑设计工作流程。李紫微于 2014 年对性能导向的建筑方案阶段参数化设计优化策略与算法进行了研究，研究办公建筑形体和表皮参数如何影响建筑采光、通风、热舒适等单一目标性能及整体能耗指标，并提出办公建筑的参数化性能优化方法。李海全于 2015 年基于遗传算法的建筑体形系数及迎风面积比优化方法进行研究，探讨基于遗传算法的建筑节能优化方法在建筑体量体形系数及迎风面积比优化设计实践的应用。张涛于 2015 年对城市中心区风环境与空间形态耦合关系进行研究，基于风环境数值模拟的基本方法和流程，构建适用于大尺度城市中心区风环境数值模拟的技术方法。整合现有的室外风环境评价的相关政策标准及评价方法，从总体层面的风速数值评价标准，以及街区层面的平均风速、舒适风速比率、风速的离散度、静风区面积比以及强风区面积比 5 项综合评价指标，构建城市中心区风环境的评价策略。

韩昀松于 2016 年对严寒地区办公建筑形态数字化节能设计进行研究，建立了包含建筑与环境信息集成、形态与性能映射关系建构和多目标建筑形态优化三项子流程的严寒地区办公建筑形态数字化节能设计流程；研发了严寒地区办公建筑环境信息模型、建筑能耗与光热性能预测神经网络模型和遗传优化模型，并编写接口程序，进而研发了数字化节能设计平台，提出了包含设计目标、设计参量和约束条件的严寒地区办公建筑形态数字化节能设计策略。冯锦滔于 2017 年基于城市风热环境的建筑形态及布局进行生成方法研究代际遗传、进化获得该尺度的风环境最优的布局设计方案。殷晨欢于 2018 年对干热地区基于热舒适需求的街区空间布局与自动寻优进行研究，以探求干热地区夏季的室外人体热舒适最优为目标，生成既定条件下的最优街区布局方案。

袁磊等人于 2018 年对住区布局多目标自动寻优的模拟方法进行研究，为解决传统住区布局设计流程中性能模拟独立于主要设计过程之外的不足，提出一种由物理环境性能模拟驱动，以多目标优化为核心并集合了参数化建模技术的住区布局形态自动生成的集成设计方法——基于模拟的多目标自动优化设计。毕晓健等人于 2018 年以寒冷地区办公综合体为例基于 Ladybug＋Honeybee 的参数化节能设计进行研究，实现以节能为目标的建筑形态自动寻优和形式创新。刘宇鹏等人基于遗传算法的形态与微气候环境性能自动优化方法进行研究，提出一种新的算法体系，以人体室外舒适度为优化目标，运用遗传算法得出气候适应性城市形态的最优组合。

罗毅于 2018 年基于参数化设计平台的建筑性能优化流程进行研究，以模拟数据为基础，利用遗传算法实现方案优化。李冰瑶于 2018 年基于多性能目标优化的住宅规划布局设计方法，以住宅规划布局形态参数为设计变量，以日照间距、防火间距、红线退让等为约束条件，以容积率、开放空间、日照采光质量、热辐射等为优化目标，编译出一套基于多性能目标模拟的住宅规划布局智能优化系统（RLIOS）。黄陈瑶等人于 2019 年对产业园区建筑的自动布局实验——基于遗传算法优化进行研究，进行产业园建筑在设计目标约束下的自动布局实验，最终自动生成多种满足约束条件的布局形态。王文超等人于 2019 年以夏热冬冷地区的湖北省武汉市为例，选择 Grasshopper 参数化设计平台，利用 Ladybug tools 调用 Energyplus 进行建筑制冷、制热和总能耗模拟。并基于 Glapagos 单目标遗传算法工具，分别以单位面积制冷、制热、全年总能耗最小作为目标函数，对变量进行优化计算，归纳出达到优化目标的优秀解集。

哈尔滨工业大学的孔山山于 2019 年针对建筑参数化设计的生成逻辑研究与策划进行研究，提出了生成逻辑策划的意义，研究了生成逻辑的几何和算法两大基本要素，同时概括了形式生成过程在时空维度方面的基本特征。娄霄扬等人于 2019 年对风环境性能导向下的寒地校园空间形态设计策略进行研究，分析建筑密度、建筑位置和建筑开口朝向对寒地校园行人级风环境的影响，结果表明，建筑密度和建筑位置参数对校园行人级风环境品质影响较大；在高密度布局下，建筑开口朝向对行人级风环境的影响有限。姚佳伟等人于

2019年对环境性能导向的建筑数字设计进行研究,总结了各研究采用的方法和成果并分析其局限性和未来潜力,把握建筑环境性能导向的数字设计的发展现状,并为今后的研究方向与课题研究提供一定的参考。

余镇雨等人于2019年基于模拟的多目标优化方法在近零能耗建筑性能优化设计中的应用进行研究,基于模拟的多目标优化设计方法将多目标非支配排序遗传算法(NSGA-Ⅱ)和建筑能耗模拟软件TRNSYS耦合在同一平台,可实现近零能耗建筑性能优化。杨丽晓于2019年对日照辐射驱动的寒地高层办公建筑组群形态节能优化研究进行研究,获取寒地高层办公建筑组群的平面与空间形态特征的设计量化指标,并结合实地调研和相关设计规范的要求,对其进行值域和步长约束。基于遗传算法,对寒地高层办公建筑组群形态展开多目标优化设计。高婉君等人于2020年针对城市居住区中建筑布局自动生成方法与方案评价进行研究,为解决居住区建筑布局传统布局的重复性与低效性,提出一种用于多种类型建筑自动布局的方法,以经济效益、布局合理性为优化目标,以建筑单体的尺寸、间距、日照、容积率等作为控制平面布局的自变量,通过模拟退火算法实现住区的自动布局,根据房地产产品定位理论,确定最优方案设计。此方法将住区布局问题转化为计算机模型,有效解决人工布局耗时耗力的问题,为决策者和设计师提供可参考的住区布局方案,也为难以定量计算的建筑问题提供新的解决思路。

10.2 研究方法

本章是基于改善高层办公建筑风环境的视角下,将Grasshopper数字化寻优方法应用于建筑总图设计阶段的辅助设计策略研究。基于现状,本研究把建筑组团布局形式、单体建筑朝向作为变量,实现了多方案的建筑室外风环境的类比和优化的具体应用,这些应用分别通过以下方式形成系统:

(1)采用参数化建筑设计方法,通过采用Grasshopper参数化平台建立参数化建筑生成子系统;

(2)运用Galapagos遗传算法控制各变量进行自动寻优过程;

(3)以人体室外热舒适度指标(UTCI)为优化目标。

经过大量的模拟计算后,根据人体室外热舒适度指标(UTCI)确定室外环境舒适度最优与最差的建筑布局和形态,并提出城市建筑布局和形态设计最优方案。通过研究优化分析的形态结果和过程数据,分析得出影响室外环境舒适度的主导因素和作用机理,并从类型学的角度统计分析各影响因素之间的耦合关系,从而得出建筑布局和形态策略。

10.3 软件平台

目前对于风环境的研究模拟,多采用CFD数值模拟分析的方法对相关因素进行探讨,采用PHOENICS流体力学模拟软件。该软件开放性强,操作简便,因此被广泛应用于汽车、电子、航空、建筑等工业领域。但是该软件自身也存在一定的局限性,对于一个已知的建筑群体布局的风环境模拟,PHOENICS可以精准地模拟其外部风环境,如果涉及对于探寻更加舒适的风环境建筑布局时,则需要进行大量的模拟计算,但是依旧无法精准定位最优解。Grasshopper 的算法寻优则可以高效地解决以上问题，以下简单介绍各个插件：

1. Grasshopper

Grasshopper 是基于犀牛 Rhino 运行的参数化设计插件，利用了节点（Node）来储存和处理数据，将节点连接起来形成流程（Flow）来实现模型的控制，相当于一个可视化脚本编辑器。将 Grasshopper 作为绿色建筑设计的平台，是基于以下几点原因：

（1）功能强大齐全，可以实现参数化建模、性能模拟、算法寻优、节能计算等功能。在建模方面，Grasshopper 是基于犀牛 Rhino 平台的参数化插件，可以通过 Rhino 实现参数化建模。在性能模拟方面，Grasshopper 可以整合功能完整的模拟工具，运用 Ladybug 对气象数据进行查找、导入、分析，实现对气象数据和环境气候的实时模拟；也可以运用 Honeybee 中专业的光模拟内核 Radiance 和能耗处理内核 Energyplus，进行光环境的模拟和计算；也可以运用 Butterfly，对目标进行网格划分和大气参数设置，完成风环境的模拟。在算法寻优方面，Grasshopper 既有基于遗传算法和退火算法的 galapagos，可以进行单目标的建筑布局自动寻优，也有基于 Pareto 和遗传算法的运算器 Octopus，可以进行多目标的自动寻优计算，如图 10.3-1 所示。

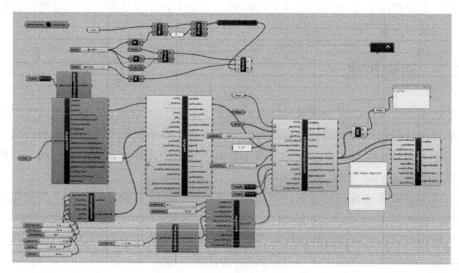

图 10.3-1　Grasshopper 电池组介绍

（2）Grasshopper 作为一个参数化软件，集合设计与分析于一身，能够凭借给定的建筑参数快速构建实体模型，直接在 Rhino 平台上对模型进行模拟分析，界面直观，操作简单。再者，软件的门槛要求低，不需要学会复杂的脚本语言方面的知识。Grasshopper 将一个个计算机代码语转化为"电池"，通过对"电池"的连接，可以非常便捷地组织算法逻辑，形成一条直观的"分析语言"。

Grasshopper 的模拟结果可以进行实时显示，不需要调试——计算——调试地多次反复，可以直接通过调整"电池"内的某项参数，计算结果会立刻进行相应的改变，因此同一类型的算法被反复利用，只要根据项目类型进行数据调整即可。如图 10.3-2 所示，对 Factor（拉杆）的参数进行调整时，计算结果能够进行实时反馈。

2. Ladybug

Ladybug 是 Grasshopper 众多功能繁复的插件中的一个，在数字化日照分析、能耗分

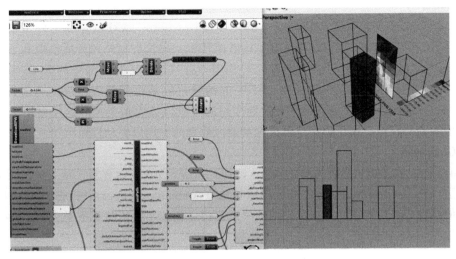

图 10.3-2　Grasshopper 计算结果实时反馈

析和模拟等领域应用较为广泛。在所有可用的环境设计软件中，Ladybug Tools 是将 3D 计算机辅助设计（CAD）接口连接到大量经过验证的仿真引擎的最全面的工具。Ladybug Tools 建立在多个经过验证的仿真引擎之上：Radiance、EnergyPlus/OpenStudio，Therm/Window 和 OpenFOAM。而且它是免费开源的，得到了世界各地充满热情和多元化的讨论支持。选择 Ladybug Tools 作为形态——性能耦合机制下的数字化建筑设计的软件平台，主要有以下几点原因：

（1）灵活。Ladybug Tools 由模块化组件组成，这使得它在设计的不同阶段都具有灵活性，并能够对各种不同类型的研究问题做出相应的回应和解答。

（2）集成。Ladybug Tools 在 3D 建模软件中运行，并充当着建模软件与模拟仿真引擎之间的接口，在它们之间进行数据传输。因此，几何图形的创建、模拟和可视化在同一个界面中进行成为可能。

（3）参数化。Ladybug Tools 在参数化可视化脚本界面中运行，从而可以探索设计空间和自动化任务。

（4）视觉效果。通过利用 CAD 界面的功能，Ladybug Tools 可以生成各种交互式 3D 图形，实现动画和数据可视化，有利于模拟分析的直观性表达和呈现。

（5）跨平台。Ladybug Tools 用 Python 编写，几乎可以在任何操作系统上运行，在已经翻译几何库的前提下，可以插入任何几何引擎中。

3. Honeybee

Honeybee 是 Ladybug tools 种类繁多的插件库中的一种，主要用于能耗仿真模拟分析和可视化。Honeybee 支持详细的采光和热力学建模，这在设计的中后期是最相关的。具体来说，它使用 Radiance 创建，运行和可视化日光模拟的结果，使用 EnergyPlus / OpenStudio 进行能量模型，以及使用 Berkeley Lab Therm / Window 来分析遍历建筑细节的热流。它通过将这些仿真引擎链接到 CAD 和可视脚本接口（例如 Grasshopper / Rhino 和 Dynamo / Revit）来实现此目的。它还充当这些引擎面向对象的应用程序编程接口（API）。因此，Honeybee 是目前可用于绿色建筑环境设计的最全面的插件之一。

4. Butterfly

Butterfly 是一个插件和 Python 库，可用于使用 OpenFOAM 创建和运行高级计算流体动力学（CFD）仿真，也可用于建筑室内外风环境、建筑群室外风环境模拟和分析。目前，OpenFOAM 是使用最严格的开源 CFD 引擎，并且能够运行从简单的 RAS 到密集的 LES 的多个高级仿真和湍流模型。Butterfly 的构建目的是将几何图形快速导出到 OpenFOAM 中，并运行几种对建筑设计有指导作用的常见气流模拟类型。这包括用于模拟城市风环境的室外模拟，用于模拟热舒适性和通风效率的室内可驱动性模拟等。

5. Galapagos

Galapagos 运算器，全名为 Galapagos Evolutionary Solver 运算器。其主要功能是通过遗传算法（Evolutionary Solver）或者退火算法（Annealing Solver），根据 fitness 段输入值的极值设置，通过对于 Genome 端值的测试遍历，查找出极值状态下对应的 Genome 端参数，如图 10.3-3 所示。

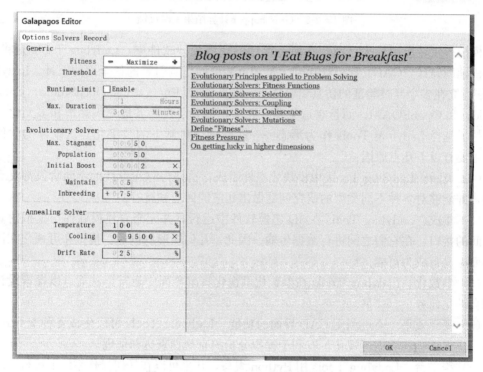

图 10.3-3　Galapagos 运算器运算界面

10.4　软件基本操作

Grasshopper 软件功能强大，用途广泛，能够对大量的实际环境进行模拟，对建筑学领域的性能耦合机制下的数字化建筑设计具有重要的指导意义，以下将根据往期的模拟案例对一些基本操作进行介绍。

以往的学术研究者在对建筑群布局的某一个特定物理指标进行计算时，往往要进行大量计算，从成百上千套建筑群布局的布局方案中寻找某种规律。这种科学研究方式，不仅效率极低，而且很有可能出现纰漏，导致最后结果有误差，从而无法得到最科学的结果。但是 Grasshopper 的"电池算法模式"通过结合计算机语言，从参数层面解决了这一问题，以下将对此操作进行基本介绍。

（1）构建目标建筑模型。利用 Brep 抓取目标建筑和背景建筑，如图 10.4-1 所示。

（2）建立移动电池组，如图 10.4-2 所示。

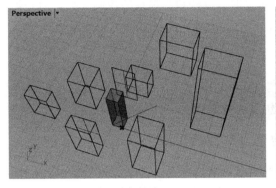

图 10.4-1　目标建筑和背景建筑

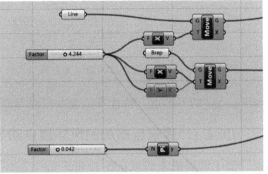

图 10.4-2　移动和旋转电池组

（3）建立 Rotate 和 Honeybee item selector 电池组。其中 Rotate 电池的作用是模拟目标建筑的移动和旋转。Honeybee item selector 电池的作用是实时显示、输出目标建筑坐标，如图 10.4-3 所示。

（4）以某一目标为依据进行布局自动生成。建筑群体的自动布局生成是人为地先确定某一指标，再对该指标最佳的建筑群布局进行择优计算。图 10.4-4 为笔者自绘的高层建筑布局群采光分析的电池组，由于本书主要探讨风环境对建筑布局设计的影响，不再多做讨论。

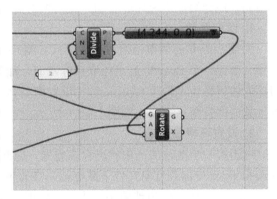

图 10.4-3　Rotate 和 Honeybee item selector 电池组

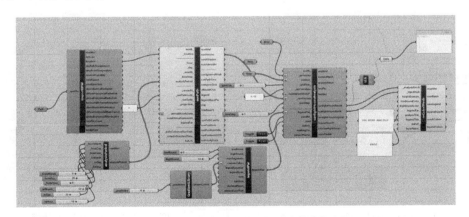

图 10.4-4　高层建筑群布局的采光分析（一）

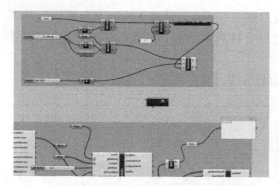

图 10.4-5　高层建筑群布局的采光分析（二）

在此计算结果的基础上，如果要对建筑群布局的最优方案进行计算，需要再利用一个 Grasshopper 自带的电池组 Galapagos，如图 10.4-5 所示，Galapagos 电池组的连接方式只需要连接两个控制移动数据的拉杆和物理量的控制参数，但是需要注意的是，Galapagos 的连接方式与其他电池相连的方式有所不同。双击进入 Galapagos 的计算界面，点击 Start solver 即可进行计算，计算结果可实时反映在 Galapagos 的界面上。待计算结束，可以双击想要的数据列表，对布局进行还原。

10.4.1　建筑群布局的风环境自动寻优（单目标）

为了解决快速的城市扩张带来的生态环境问题，坚持绿色、协调、可持续的发展理念，运用基因算法和计算流体动力学（CFD）数值模拟方法，从理论研究和实践应用的角度，对建筑群布局的风环境自动寻优方法进行探索，对于建筑设计师具有重要指导意义。下面完整地介绍一个风环境自动寻优模拟的简单案例。

1. 读取几何

加载 Ladybug 的电池组，之后导入 CAD 线稿创造建筑模型或者利用 Rhino 自绘实体模型。创建一个 Brep 电池组抓取目标模型，加载一个 Create Butterfly Geometry 电池组，将抓取的目标模型导入 Geometry，设置模型名称，定义 refine level 的数值在 1～2 之间，其他数值保持默认不变，如图 10.4-6 所示。

2. 设置环境物理量

由于每一个地区的气象状况存在差异，因此，首先要了解该地区本身的气候条件。在 Grasshopper 中加载气象文件下载电池，在官网上直接下载调查地区的气象参数，导入到 Ladybug import epw 电池组中。为了在模拟过程中更真实地反映该地区的风速风向，可以先利用 Wind rose 电池组打开风玫瑰图电池组，如图 10.4-7 所示。

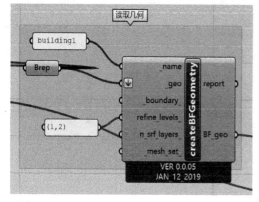

图 10.4-6　Create Butterfly Geometry 电池组

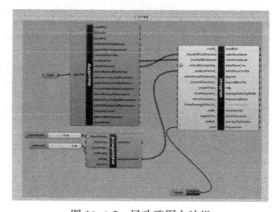

图 10.4-7　风玫瑰图电池组

加载 Wind vector 电池组，设置风速为 3m/s，根据风玫瑰图的常年风向设置风的矢量方向，如图 10.4-8 所示。

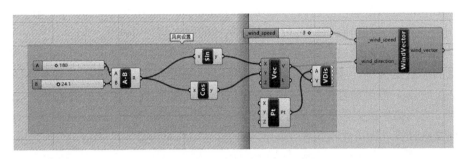

图 10.4-8　用于设定风速风向的电池组

3. 创建风洞

本模拟需要先构建风洞模型，首先建立一个 Create case from Tunnel 电池组，其次设置该风洞的尺寸，并将之前设置的物理量导入到该电池组中，创造一个风洞模拟环境，如图 10.4-9 所示。

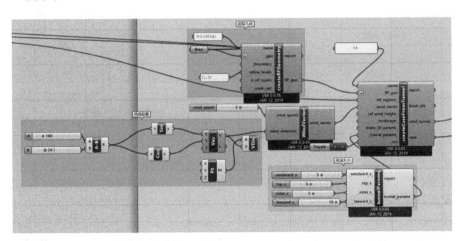

图 10.4-9　风洞电池组

4. 创造网格

网格设置分为三个步骤：①创建自动网格生成渐变；②创建粗糙的网格；③创建精细网格。首先要将风洞电池组的物理量输入到自动网格生成渐变中，创建 WTGrading 电池组，设置 cell size 为 2，如图 10.4-10 所示。

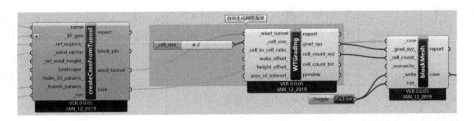

图 10.4-10　自动生成网格渐变电池组

其次，为了节省计算时间，先创建一个粗糙的网格，以便之后对网格数量和精度进行调整。如图 10.4-10 所示，创建 Blockmesh 电池组，将 WTGrading 电池组中的数据信息引入 Blockmesh 电池组中，之后再将 case 输出端与 Loadmesh 电池组的 case 输入端相连，并将 load 开关打开，即可在 Rhino 软件中将粗糙的网格信息可视化。

在对网格的覆盖区域进行确定之后，接下来需要创建一个 Snappyhexmesh 电池组，该电池组的作用是提供一个更加精细的网格区域，如图 10.4-11 所示，与上述同理，将 Blockmesh 的 case 输出端直接与 Snappyhexmesh 电池组相连。在这里要提供一个精细网格的字典，为网格生成提供数据参考，再将 Snappyhexmesh 与 Loadmesh 相连，计算机进行一系列复杂计算，即可生成出精细的网格。

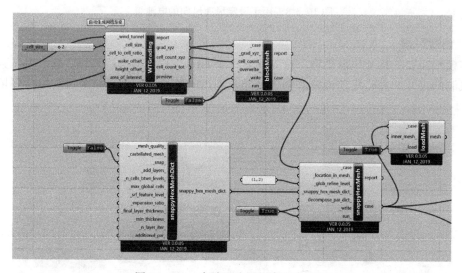

图 10.4-11　自动生成网格渐变电池组

5. 设置湍流模型

在 Butterfly 中有三种湍流模型可以选择：Laminar、LES、RAS。在本次风环境模拟中，笔者选择了 RAS（雷诺时均方程），直接创建雷诺时均方程电池组，保持输入端的默认参数为 ture，创建一个稳态不可压缩电池组与 RAS 相连，再创建一个 Residual Control 控制残差，通常会设置压力（P）和速度（U）两组控制对象，控制范围在 0.001，如图 10.4-12 所示。

6. 计算以及数据可视化

最后需要对计算结果进行计算，并将结果可视化。首先创建 Solution 电池组，把计算数据输入到 Solution 电池组的输入端，如图 10.4-13 所示。创建 Loadprobesvalue 电池组和 reColorMesh 电池组，将计算结果输出，并导入到 reColorMesh 电池组，调节 field 的参数，即可形成风速（U）或者风压（P）的数据可视化。同时也可以借助 Legendpar 电池组调节可视化的颜色和数据范围（注意：Loadprobesvalue 电池组在每次重新计算后，经常出现报错的情况，只需要关闭 enable 再重启即可）。

7. 遗传算法自动寻优

有了计算以及可视化的结果，最重要的部分是根据建筑物的布局方案自动寻优，根据

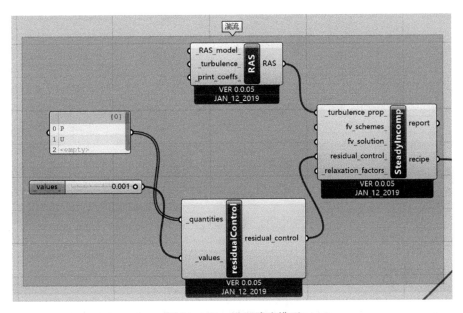

图 10.4-12 设置湍流模型

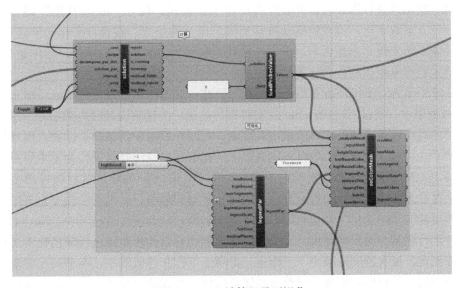

图 10.4-13 计算以及可视化

前文中提到 Grasshopper 本身的就是一种参数化的建筑设计插件,利用数据本身控制建筑物的形态位置。在本次风环境模拟中,笔者沿用上文的建筑布局控制机制,利用 Galapagos 电池组将计算结果与角度和距离的自变量拉杆相连,双击打开 Galapagos 界面,可选择退火算法和基因算法两种方式进行计算,结果如图 10.4-14 所示。可根据列表中罗列的数据进行数据分析,双击某一数据也可还原到该组数据所示的建筑布局方式,能够为建筑设计师或者科研工作者又好又快地提供最佳方案。

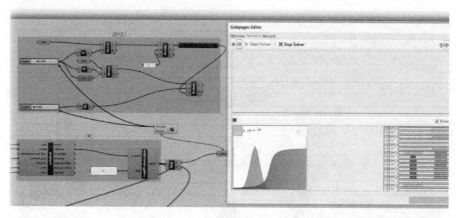

图 10.4-14　建筑布局自动寻优

10.5　结论

本章通过探寻城市风环境和高层建筑群体布局的关系，进行了非线性设计的数字化工作方法的尝试。相较于在方案设计过程结束之后，对建筑群体布局的物理环境进行能耗模拟，并对方案比选进行指导和评价的经典设计工作模式，探寻"形态-性能"耦合机制下的建筑设计方案数字化，将性能驱动贯穿到形态设计的始终。在设计工作的推进过程中，形态与性能不断变化并相互影响，借助参数化建模平台和性能模拟插件，运用遗传算法，对生成结果进行可视化和自动寻优。

前 9 章中笔者对于风环境布局寻优的相关研究，计算出来的量化因子也可输入 Grasshopper 电池组中，通过 Grasshopper 的实时布局显示，为建筑设计师提供参考，这对营造集中建设的高层建筑群周围良好的城市风环境，对防止城市中污染物扩散和人居环境的改善有重要意义。本章中所提到的风环境视野下的建筑布局自动寻优仅作为学术研究方法的参考，其中，对于建筑布局设置的电池组较为简单，在实际的建造过程中可能会更加复杂，也会存在更多建筑群体的组合方式。因此，针对实际项目，也许会需要更多的电池组合来推算可能的布局变化，但是利用 Grasshopper 和 Ladybug、Honeybee、Butterfly 等参数化插件进行建筑布局自动寻优的方法，与传统的"对设计和布局进行绿色技术评价"的设计方法相比，极大程度地减少了工作量，提高了工作和科研效率。本书关注建筑师在设计时所关心的相关指标，服务于建筑师和建筑设计，为性能驱动下的设计方案生成提供经验和修正建议；营造舒适的人居环境，改善夏热冬冷地区的城市微气候环境，最终目标是城市的可持续发展。

参考文献

[1] 毕晓健，刘从红．基于 Ladybug＋Honeybee 的参数化节能设计研究——以寒冷地区办公综合体为例 [J]．建筑学报，2018（2）：44-49.

[2] 曹森方，刘轩．大型高层住宅小区室外风环境模拟分析 [J]．广东建材，2017，33（7）：43-44.

[3] 曹象明，王超．基于风环境的西安市高层建筑区规划布局策略——以曲江新区为例 [J]．城市发展研究，2017，24（8）：20-26.

[4] 曹迎春，张玉坤．基于分形理论的城市天际线量化分析 [J]．城市问题，2013（12）：32-36.

[5] 曾穗平，田健，曾坚．基于 CFD 模拟的典型住区模块通风效率与优化布局研究 [J]．建筑学报，2019（2）：24-30.

[6] 陈飞．高层建筑风环境研究 [J]．建筑学报，2008（2）：72-77.

[7] 陈宏，李保峰，周雪帆．水体与城市微气候调节作用研究——以武汉为例 [J]．建设科技，2011（22）：72-73，77.

[8] 冯锦滔．基于城市风热环境的空间布局自动寻优方法研究 [D/OL]．深圳：深圳大学，2017. https：// kns. cnki. net/KCMS/detail/detail. aspx？dbname＝CMFD201702&filename＝1017812724. nh.

[9] 冯娴慧，魏清泉．广州城市近地风场特征研究 [J]．生态环境，2011（10）：1558-1561.

[10] 傅小坚，严晓萍，许明辉，等．双塔建筑风荷载狭缝效应的数值研究 [J]．山西建筑，2007（15）：76-77.

[11] 高婉君，毛超，刘贵文．城市居住区中建筑布局自动生成方法与方案评价研究 [J]．城市住宅，2020，27（3）：85-88.

[12] 韩昀松．严寒地区办公建筑形态数字化节能设计研究 [D/OL]．哈尔滨：哈尔滨工业大学，2016. https：// kns. cnki. net/KCMS/detail/detail. aspx？dbname＝CDFDLAST2017&filename＝1016739851. nh.

[13] 黄陈瑶，吉国华．产业园区建筑的自动布局实验——基于遗传算法优化 [J]．安徽建筑，2019，26（4）：6-8.

[14] 黄立，罗文静．城市天际线美学定量评价方法初探——以武汉沿江大道天际线为例 [J]．建筑学报，2011（S2）：172-175.

[15] 江亿．中国绿色建筑报告 [R]．北京：中国建筑工业出版社，2006.

[16] 孔山山．建筑参数化设计的生成逻辑研究与策划 [D/OL]．哈尔滨：哈尔滨工业大学，2019. https：// kns. cnki. net/KCMS/detail/detail. aspx？dbname＝CMFD202001&filename＝1019648315. nh.

[17] 赖林凤，冉茂宇．高层建筑及裙房对人行区域风环境影响的研究现状与发展 [J]．福建建筑，2016（5）：20-24.

[18] 李冰瑶．基于多性能目标优化的住宅规划布局设计方法研究 [D/OL]．深圳：深圳大学，2018. https：// kns. cnki. net/KCMS/detail/detail. aspx？dbname＝CMFD201902&filename＝1018823603. nh.

[19] 李海全．基于遗传算法的建筑体形系数及迎风面积比优化方法研究 [D/OL]．广州：华南理工大学，2015. https：//kns. cnki. net/KCMS/detail/detail. aspx？dbname＝CMFD201502&filename＝1015989728. nh.

[20] 李梦雯．南京居住区建筑群体空间形态对风环境的影响研究 [D/OL]．厦门：厦门大学，2016. https：// kns. cnki. net/KCMS/detail/detail. aspx？dbname＝CMFD201701&filename＝1016325854. nh.

[21] 李若尧，基于风环境质量的城市住区更新潜力分析 [D/OL]．南京：南京大学，2018. https：//kns. cnki. net/ KCMS/detail/detail. aspx？dbname＝CMFD201802&filename＝1018155320. nh.

[22] 李雪铭，晋培育．中国城市人居环境质量特征与时空差异分析 [J]．地理科学，2012，32（5）：521-529.

[23] 李峥嵘，赵晋鹏，赵群，等．不同风向作用下的建筑群风环境研究 [J]．暖通空调，2018，48（8）：81-85.

[24] 李紫微．性能导向的建筑方案阶段参数化设计优化策略与算法研究 [D/OL]．北京：清华大学，2014. https：// kns. cnki. net/KCMS/detail/detail. aspx？dbname＝CMFD201502&filename＝1015038891. nh.

[25] 林博．城市滨水区更新风环境影响评价及优化策略研究——以重庆市化龙桥片区更新规划为例 [D/OL]．重庆：重庆大学，2016. https：//kns. cnki. net/KCMS/detail/detail. aspx？dbname＝CMFD201701&filename＝1016731509. nh.

[26] 刘春艳，彭兴黔，赵青春．沿海城市住宅小区风环境研究 [J]．福建建筑，2010（7）：15-17.

[27] 刘君男．寒地高层住区对多层住区风环境影响特征与优化策略研究 [D/OL]．天津：天津大学，2016. https：// kns. cnki. net/KCMS/detail/detail. aspx？dbname＝CMFD201801&filename＝1018059080. nh.

[28] 刘敫聪. 风寒性能导向下的寒地建筑室外风环境多目标优化设计研究 [D/OL]. 哈尔滨：哈尔滨工业大学，2020. https：//kns. cnki. net/KCMS/detail/detail. aspx？ dbname＝CMFD202101&filename＝1020395887. nh.

[29] 刘宇鹏，虞刚，徐小东. 基于遗传算法的形态与微气候环境性能自动优化方法 [J]. 中外建筑，2018（6）：71-74.

[30] 刘宇鹏. 基于微气候性能驱动的寒地城市形态自动优化方法研究 [D/OL]. 南京：东南大学，2018. https：//kns. cnki. net/KCMS/detail/detail. aspx？ dbname＝CMFD201901&filename＝1019820588. nh.

[31] 刘政轩，韩杰，周晋，等. 基于风速比和空气龄的小区风环境评价研究 [J]. 建筑技术，2015，46（11）：996-1001.

[32] 娄霄扬，梁静，韩昀松. 风环境性能导向下的寒地校园空间形态设计策略研究 [C] //全国高等学校建筑学专业教育指导分委员会建筑数字技术教学工作委员会. 共享·协同——2019全国建筑院系建筑数字技术教学与研究学术研讨会论文集. 北京：中国建筑工业出版社，2019.

[33] 卢晨晨，陆维松，陶丽，等. 三峡库区对局地暴雨和江面大风影响的理论模型 [J]. 南京气象学院学报，2011，34（5）：555-566.

[34] 罗毅. 基于参数化设计平台的建筑性能优化流程研究 [D/OL]. 天津：天津大学，2018. https：//kns. cnki. net/KCMS/detail/detail. aspx？ dbname＝CMFD201901&filename＝1019703616. nh.

[35] 吕圣东，严婷婷，李蓝. 城市天际线美感定量指标评价研究比较 [J]. 住宅科技，2019，39（8）：27-31.

[36] 马剑，陈水福，王海根. 不同布局高层建筑群的风环境状况评价 [J]. 环境科学与技术，2007（6）：57-58，61，118.

[37] 马剑. 陈水福. 平面布局对高层建筑群风环境影响的数值研究 [J]. 浙江大学学报：工学版，2007，41（9）：1477-1481.

[38] 牛海燕，刘敏，陆敏，等. 中国沿海地区近20年台风灾害风险评价 [J]. 地理科学，2011，31（6）：764-768.

[39] 钮心毅，李凯克. 基于视觉影响的城市天际线定量分析方法 [J]. 城市规划学刊，2013（3）：99-105.

[40] 彭麒晓. 城市天际线的评价与控制方法研究 [D/OL]. 合肥：合肥工业大学，2015. https：//kns. cnki. net/KCMS/detail/detail. aspx？ dbname＝CMFD201602&filename＝1015667118. nh.

[41] 蒲增艳. 建筑布局对住宅小区风环境的影响 [J]. 科技风，2017（9）：150.

[42] 曲少杰. 城市滨水区域空间的开发与更新机制研究 [J]. 工业建筑，2004，34（5）：30-33，49.

[43] 单琪雅. 严寒地区住区高层建筑布局形态对风环境的影响 [D/OL]. 哈尔滨：哈尔滨工业大学，2016. https：//kns. cnki. net/KCMS/detail/detail. aspx？ dbname＝CMFD201701&filename＝1016773732. nh.

[44] 尚涛，钱义. 武汉地区住宅小区的风环境模拟及评价——以武汉大学茶港小区为例 [J]. 华中建筑，2013，31（1）：48-51.

[45] 申杰. 基于Grasshopper的绿色建筑技术分析方法应用研究 [D/OL]. 广州：华南理工大学，2012. https：//kns. cnki. net/KCMS/detail/detail. aspx？ dbname＝CMFD201301&filename＝1012449919. nh.

[46] 石忆邵，张蕊. 大型公园绿地对住宅价格的时空影响效应——以上海市黄兴公园绿地为例 [J]. 地理研究，2010，29（3）：130-140.

[47] 史秉楠. 住宅区域物理环境优化设计 [J]. 智能城市，2016（5）：140-141.

[48] 史宜，曹俊，朱骁. 基于评价模型的城市天际线景观美学解析 [J]. 现代城市研究，2018（10）：67-74.

[49] 粟文. 超高层双塔建筑风荷载及风致干扰效应数值模拟研究 [D]. 重庆：重庆大学，2015.

[50] 孙澄，曲大刚，黄茜. 人工智能与建筑师的协同方案创作模式研究：以建筑形态的智能化设计为例 [J]. 建筑学报，2020（2）：74-78.

[51] 孙丽然. 基于风环境模拟的哈尔滨滨江住区设计策略研究 [D/OL]. 哈尔滨：哈尔滨工业大学，2017. https：//kns. cnki. net/KCMS/detail/detail. aspx？ dbname＝CMFD201901&filename＝1018896930. nh.

[52] 唐毅，孟庆林. 广州高层住宅小区风环境模拟分析 [J]. 西安建筑科技大学学报（自然科学版），2001，33（4）：47-51，55.

[53] 王辉. 基于风环境的深圳前海三四单元高层建筑形态控制研究 [D/OL]. 哈尔滨：哈尔滨工业大学，2013. https：//kns. cnki. net/KCMS/detail/detail. aspx？ dbname＝CMFD201501&filename＝1014081345. nh.

[54] 王建国. 基于城市设计的大尺度城市空间形态研究 [J]. 中国科学（E辑：技术科学），2009，39（5）：830-839.

［55］王晶．基于风环境的深圳市滨河街区建筑布局策略研究［D/OL］．哈尔滨：哈尔滨工业大学，2012．https：//
kns. cnki. net/KCMS/detail/detail. aspx? dbname＝CMFD201401&filename＝1013038366. nh.

［56］王美琪．基于户外空间优化的中高强度住区规划布局研究［D/OL］．南京：东南大学，2018．https：//
kns. cnki. net/KCMS/detail/detail. aspx? dbname＝CMFD201901&filename＝1019820669. nh.

［57］王巧雯，汪磊磊．基于室外风环境CFD模拟的住宅小区设计策略［J］．新建筑，2018（5）：69-71.

［58］王文超，陈宏．基于遗传算法的夏热冬冷地区居住建筑节能优化分析——以湖北省武汉市为例［C］//全国高等
学校建筑学专业教育指导分委员会建筑数字技术教学工作委员会．共享·协同——2019全国建筑院系建筑数字
技术教学与研究学术研讨会论文集．北京：中国建筑工业出版社，2019.

［59］王笑凯．天际线解读［D/OL］．武汉：华中科技大学，2004．https：//kns. cnki. net/KCMS/detail/detail. aspx?
dbname＝CMFD0506&filename＝2005037540. nh.

［60］王宇婧．北京城市人行高度风环境CFD模拟的适用条件研究［D/OL］．北京：清华大学，2012．https：//
kns. cnki. net/KCMS/detail/detail. aspx? dbname＝CMFD201302&filename＝1013016997. nh.

［61］温海珍，李旭宁，张凌．城市景观对住宅价格的影响——以杭州市为例［J］．地理研究，2012，31（10）：
1806-1814.

［62］温家洪，黄蕙，陈珂，等．基于社区的台风灾害概率风险评估——以上海市杨浦区富禄里居委地区为例［J］．地
理学，2012，32（3）：348-355.

［63］吴坤，张召明，谢琳，等．双子楼表面风压及风环境模拟［J］．四川建筑科学研究，2010（5）：49-51.

［64］吴义章，张幸涛，李会知，等．高层建筑周围行人高度风环境的数值模拟研究［J］．郑州大学学报（理学版），
2011（4）：110-115.

［65］席睿，基于合理静风区面积比的居住区布局研究［D/OL］．重庆：重庆大学，2017．https：//kns. cnki. net/KC-
MS/detail/detail. aspx? dbname＝CMFD201801&filename＝1017723120. nh.

［66］香港中文大学．香港中文大学风环境评估报告［R］．香港，2009.

［67］谢振宇，杨讷．改善室外风环境的高层建筑形态优化设计策略［J］．建筑学报，2013（2）：76-81.

［68］闫凤英，王泰，王菲．高层建筑对周围低层建筑的风环境影响研究［J］．建筑节能，2018，46（6）：96-
105，109.

［69］杨俊宴，潘奕巍，史北祥．基于眺望评价模型的城市整体景观形象研究——以香港为例［J］．城市规划学刊，
2013（5）：106-112.

［70］杨丽，宋德萱．居住区规划中建筑平面空间组合与风环境的关系研究［J］．住宅科技，2013，33（2）：1-6.

［71］杨丽．绿色建筑设计——建筑风环境［M］．上海：同济大学出版社，2014.

［72］杨丽晓．日照辐射驱动的寒地高层办公建筑组群形态节能优化研究［D/OL］．哈尔滨：哈尔滨工业大学，
2019．https：//kns. cnki. net/KCMS/detail/detail. aspx? dbname＝CMFD202001&filename＝1019689204. nh.

［73］杨文举，孙海宁．浅析城市化进程中的生态环境问题［J］．生态经济，2002（3）：31-34.

［74］姚佳伟，陈侃，郑晓薇，等．环境性能导向的建筑数字设计研究［J］．建筑技艺，2019（9）：58-63.

［75］姚征，陈康民．CFD通用软件综述［J］．上海理工大学学报，2002，24（2）：137-144.

［76］叶炯．可持续发展的城市住区设计研究［J］．建筑创作，2002（10）：58-63.

［77］殷晨欢．干热地区基于热舒适需求的街区空间布局与自动寻优初探［D/OL］．南京：东南大学，2018．https：//
kns. cnki. net/KCMS/detail/detail. aspx? dbname＝CMFD201901&filename＝1019820600. nh.

［78］应小宇，阚琪，任昕．风环境视野下高层建筑群朝向——以杭州钱江新城四季青路地块为例［J］．西安建筑科技
大学学报（自然科学版），2018，50（6）：884-889，900.

［79］应小宇，朱炜，外尾一则．高层建筑群平面布局类型对室外风环境影响的对比研究［J］．地理科学，2013，33
（9）：97-101.

［80］余波，基于室外风环境优化的厦门地区高层住区布局模式初探［D/OL］．厦门：厦门大学，2017．https：//
kns. cnki. net/KCMS/detail/detail. aspx? dbname＝CMFD201901&filename＝1017111436. nh.

［81］余镇雨，路菲，邹瑜，等．基于模拟的多目标优化方法在近零能耗建筑性能优化设计中的应用［J］．建筑科学，
2019，35（10）：8-15.

［82］俞布，贺晓冬，危良华，等．杭州城市多级通风廊道体系构建初探［J］．气象科学，2018，38（5）：625-636.

[83] 袁磊，李冰瑶. 住区布局多目标自动寻优的模拟方法 [J]. 深圳大学学报（理工版），2018，35（1）：78-84.

[84] 张华. 江南水乡村镇住宅自然通风设计研究 [D]. 南京：东南大学，2016.

[85] 张建华，潘蕾. 滨海环山城市天际线景观的组织与塑造——以烟台滨海天际线景观特色为例 [J]. 城市发展研究，2010，17（9）：77-84.

[86] 张圣武. 基于数值模拟的杭州住区风环境分析研究 [D/OL]. 杭州：浙江大学，2016.
https：//kns. cnki. net/KCMS/detail/detail. aspx? dbname=CMFD201701&filename=1016264278. nh.

[87] 张思瑶，吴克，赵柳扬，等. 基于 CFD 的沈阳某住宅区风环境研究 [J]. 建筑节能，2015，43（7）：68-72.

[88] 张涛. 城市中心区风环境与空间形态耦合研究——以南京新街口中心区为例 [D/OL]. 南京：东南大学，2015. https：//kns. cnki. net/KCMS/detail/detail. aspx? dbname=CMFD201602&filename=1016755835. nh.

[89] 张妍. 建筑布局对住宅小区风环境的影响探究 [J]. 门窗，2018（1）：151.

[90] 郑颖生. 基于改善高层高密度城市区域风环境的高层建筑布局研究 [D/OL]. 杭州：浙江大学，2013. https：//kns. cnki. net/KCMS/detail/detail. aspx? dbname=CMFD201402&filename=1014171187. nh.

[91] 中国气象局气象信息中心气象资料室，清华大学建筑技术科学系. 中国建筑热环境分析专用气象数据集 [M]. 北京：中国建筑工业出版社，2005.

[92] 周莉，席光. 高层建筑群风场的数值分析 [J]. 西安交通大学学报，2001，35（5）：471-474.

[93] 周美丽. 高层居住建筑的建筑洞口及建筑间洞口对风环境的影响 [D/OL]. 杭州：浙江大学，2016. https：//kns. cnki. net/KCMS/detail/detail. aspx? dbname=CMFD201701&filename=1016264439. nh.

[94] 庄智，余元波，叶海，等. 建筑室外风环境 CFD 模拟技术研究现状 [J]. 建筑科学，2014，30（2）：108-114.

[95] BENSON E D, HANSEN J L, SCHWARTZ A L, et al. Pricing Residential Amenities：The Value of a View [J]. The Journal of Real Estate Finance and Economics，1998，16：55-73.

[96] BOND M T, SEILER V L, SEILER M J. Residential real estate prices：A room with a view [J]. The Journal of Real Estate Research，2002，23（1）：129-137.

[97] CHAN A T, SO E S P, SAMAD S C. Strategic guidelines for street canyon geometry to achieve sustainable street air quality [J]. Atmospheric Environment，2001，35（32）：5681-8691.

[98] Chang C H, Meroney R N. Concentration and flow distributions in urban street canyons：wind-tunnel and computational data [J]. Journal of Wind Engineering and Industrial Aerodynamics，2003，91（9）：1141-1154.

[99] CocealO, Thomas T G, Belcher S E. Spatial variability of flow statistics within regular building arrays [J]. Boundary-Layer Meteorology，2007，125（3）：537-552.

[100] Coceal O, Thomas T G, Castro I P, et al. Mean flow and turbulence statistics over groups of urban-like cubical obstacles [J]. Boundary-Layer Meteorology，2006，121（4）：49-519.

[101] DYE R C F. Comparison of full-scale and wind-tunnel model measurements of ground winds around a tower building [J]. Journal of Wind Engineering and Industrial Aerodynamics，1980，6（3-4）：311-326.

[102] FRANKE J, HELLSTEN A, SCHLONZEN K H et al. The COST 732 Best Practice Guideline for CFD simulation of flows in the urban environment：A summary [J]. International Journal of Environment and Pollution，2011，44（1-4）：419-427.

[103] FRANKE J, HELLSTEN A, SCHLUZEN H, et al. Best practice guideline for the CFD simulation of flows in the urban environment [M]. Brussels：Cost Office，2007.

[104] HAN M T, CHEN H, LI Y, et al. CFD analysis on cooling effect on a complex traditional urban area with river wind in summer [C]//2011 International Conference on Multimedia Technology（ICMT 2011），2011：3880-3883.

[105] Hang J, Li Y G, Sandberg M. Experimental and numerical studies of flows through and within high-rise building arrays and their link to ventilation strategy [J]. Journal of Wind Engineering & Industrial Aerodynamics，2011，99（10）：1036-1055.

[106] Hathway E A, Sharpies S. The interaction of rivers and urban form in mitigating the Urban Heat Island effect：A UK case study [J]. Building and Environment，2012，58（12）：14-22.

[107] HE P, KATAYAMA T, HAYASHI T, et al. Numerical simulation of air flow in an urban area with regularly

aligned blocks [J]. Journal of Wind Engineering and Industrial Aerodynamics, 1997, 67-68: 281-291.

[108] HEATH T, SMITH S G, LIM B. Tall Buildings and the Urban Skyline: The Effect of Visual Complexity on Preferences [J]. Environment and Behavior, 2000 (4): 541-556.

[109] KNOCH K. Uber das Wesen einer Landesklimaaufnahme [J]. Meteorol, 1963, 5 (3): 173-174.

[110] KONO T, TAMURA T, ASHIE Y. Numerical investigations of mean winds within canopies of regularly arrayed cubical build-ings under neutral stability conditions [J]. Boundary-Layer Me-teorology, 2010, 134 (1): 131-155.

[111] KUBOTAA T, MIURAB M, TOMINAGAC Y, et al. Wind tunnel tests on the relationship between building density and pedestrian-level wind velocity: Development of guidelines for realizing acceptable wind environment in residential neighborhoods [J]. Building and Environment, 2008, 43 (10): 1699-1708.

[112] LAI D Y, GUO D H, HOU Y F, et al. Studies of outdoor thermal comfort in northern China [J]. Building and Environment, 2014, 77 (7): 110-118.

[113] LI B, LIU J, LI M L. Wind tunnel study on the morphological parameterization of building non-uniformity [J]. Journal of Wind Engineering and Industrial Aerodynamics, 2013, 121: 60-69.

[114] LITTLEFAIR P J. Enviromental site layout planning: solar access, microclimate and passive cooling in urban are-as [M]. London: Bre Press, 2000.

[115] LOPESA, LOPES S, MATZARAKIS A, et al. Summer sea breeze influence on human comfort in Funchal (Ma-deira Island) -Application to urban climate and tourism planning [J]. Berichte des Meteorologischen Institutes der Universitat Freiburg, 2010 (20): 352-357.

[116] MELARAGNO M G. Wind In Architectural and Environmental Design [M]. New York: Van Nostrand Reinhold Company, 1982.

[117] MURAKAMI S, IWASA Y, MORIKAWA Y. Study on acceptable criteria for assessing wind environment at ground level based on residents' diaries [J]. Journal of Wind Engineering & Industrial Aerodynamics, 1986, 24 (1): 1-18.

[118] MURAKAMI S. Current status and future trends in computational wind engineering [J]. Journal of Wind Engi-neering and Industrial Aerodynamics, 1997, 67-68: 3-34.

[119] NG E, YUAN C, CHEN L, et al. Improving the wind environment in high-density cities by understanding urban morphology and surface roughness: A study in Hong Kong [J]. Landscape and Urban Planning, 2011, 101 (1): 59-74.

[120] NG E. Air ventilation assessment system for high density planning and design [C] // PLEA2006-The 23rd Confer-ence on Passive and Low Energy Architecture. 2006.

[121] RAJAGOPALAN P, WONG N. Causes of urban heat island in Singapore [C] //PLEA 2009: Proceedings of the 26th International Conference on Passive and Low Energy Architecture. 2009: 1-6.

[122] Simiu E, Scanlan R H. Wind effects on structures: An introduction to wind engineering [M]. New York: A Wi-ley-Interscience Publication, 1978.

[123] SOLIGO M J, IRWIN P A, WILLIAMS C J, et al. A comprehensive assessment of pedestrian comfort including thermal effects [J]. Journal of Wind Engineering and Industrial Aerodynamics, 1998, 77/78: 753-766.

[124] STAMPS A III, NASAR J L, HANYU K. Using pre-construction validation to regulate urban skylines [J]. Jour-nal of the American Planning Association, 2005 (1): 73-91.

[125] STATHOPOULOS T, BASKARAN B A. Computer simulation of wind environment conditions around buildings [J]. Engineering Structures, 1996, 18 (11): 876-885.

[126] STATHOPOULOS T, WU H Q. Generic models for pedestrian-level winds in built-up regions [J]. Journal of Wind Engineering & Industrial Aerodynamics, 1995, 54: 515-525.

[127] SUN R H, Chen A L, Chen L D, et al. Cooling effects of wetlands in an urban region: The case of Beijing [J]. Ecological Indicators: Integrating, Monitoring, Assessment and Management, 2012, 20: 57-64.

[128] TOMINAGA Y, MOCHIDA A, YOSHIE R, et al. AIJ guidelines for practical applications of CFD to pedestrian

wind environment around buildings [J]. Journal of Wind Engineering and Industrial Aerodynamics，2008，96 (10-11)：1749-1761.

[129] TSANG C W，KWOK K C S，HITCHCOCK P A. Wind tunnel study of pedestrian level wind environment around tall buildings：Effects of building dimensions，separation and podium [J]. Building and Environment，2012，49：167-181.

[130] XU J C，WEI Q L，HUANG X F，et al. Evaluation of human thermal comfort near urban waterbody during summer [J]. Building and Environment，2010，45 (4)：1072-1080.

[131] YING X Y，DING G，HU X J，et al. Developing planning indicators for outdoor wind environments of high-rise residential buildings [J]. Journal of Zhejiang University-Science A (Applied Physics & Engineering)，2016，17 (5)：378-388.

[132] YING X Y，ZHU W，GE J，et al. Numerical research of layout effect on wind environment around high-rise buildings [J]. Architectural Science Review，2013，4 (12)：272-278.

[133] ZAHID Q，CHAN A L S. Pedestrian level wind environment assessment around group of high-rise cross-shaped buildings：Effect of building shape，separation and orientation [J]. Building and Environment，2016，101：45-63.

[134] ZHANGA S，GAO C L，ZHANG L. Numerical simulation of the wind field around different building arrangements [J]. Journal of Wind Engineering & Industrial Aerodynamics，2005，93 (12)：891-904.